·NASA 人-系统整合标准与指南译丛·

航天系统适人性要求与人因工程活动

陈善广　姜国华　陈　欣　王春慧　编译

中国宇航出版社
·北京·

图书在版编目(CIP)数据

航天系统适人性要求与人因工程活动 / 陈善广等编译．-- 北京：中国宇航出版社，2016.11
(NASA 人-系统整合标准与指南译丛)
ISBN 978-7-5159-1236-3

Ⅰ.①航… Ⅱ.①陈… Ⅲ.①航天系统工程—人因工程 Ⅳ.①V57②TB18

中国版本图书馆 CIP 数据核字(2016)第 290976 号

责任编辑　侯丽平

出版 发行	中国宇航出版社		
社　址	北京市阜成路 8 号　邮　编　100830 (010)60286808　(010)68768548	版　次	2016 年 11 月第 1 版 2016 年 11 月第 1 次印刷
网　址	www.caphbook.com	规　格	787×1092
经　销	新华书店	开　本	1/16
发行部	(010)60286888　(010)68371900 (010)60286887　(010)60286804(传真)	印　张	6.5
		字　数	160 千字
零售店	读者服务部 (010)68371105	书　号	ISBN 978-7-5159-1236-3
		定　价	188.00 元
承　印	北京画中画印刷有限公司		

本书如有印装质量问题，可与发行部联系调换

《NASA 人-系统整合标准与指南译丛》
编 委 会

总 策 划 陈善广 邓一兵

主　　译 陈善广 姜国华 陈欣 王春慧

译　　者 （按姓氏拼音排序）

安平 蔡㓷 陈海龙 陈文娟 董海胜 范永亮
费锦学 付元华 高郁晨 郭莉华 郭志峰 何思扬
黄端生 黄守鹏 贾向红 姜昌华 蒋婷 康金兰
李凡 李昊 李建辉 李伟刚 李桢 厉海涛
梁宏 廖革 刘炳坤 刘钢 刘洪涛 刘梁
刘学勇 刘志刚 刘志臻 吕柯 马洪波 马永洁
牛东滨 彭远开 曲丽娜 谭丽芬 唐志忠 滕鹏
田志强 王波 王宏伟 王惠娟 王建全 王峻
王立志 王丽 王林杰 王政 吴大蔚 吴文才
武艳萍 夏循华 夏云 肖志军 徐冲 徐立卿
徐永忠 许峰 许玉林 闫慧炯 严曲 杨艳艳
员丽霞 展文豪 张兵 张建丽 张剑锋 张晓铀
张玉梅 赵琦 周晓晶 祝郁 邹璐 左晓宇

封面设计 王波 闫慧炯

译者序

美国国家航空航天局（NASA）自1958年成立以来，先后成功实施了水星计划、双子星计划、阿波罗计划、天空实验室、航天飞机、国际空间站（与俄罗斯、欧洲、日本等国联合）等重大载人航天项目，取得了举世瞩目的辉煌成就，为美国保持在国际航天领域的领先地位做出了重大贡献。此辉煌成就不仅反映出NASA技术创新的不断进步，也凝聚着NASA在项目科学管理上的成功经验。其中，有三个方面特别突出：一是NASA不断总结项目管理的经验做法，形成了一整套项目管理的组织架构以及科学化程序和方法，特别是系统工程思想的发展、方法和过程的完善，极大提高了NASA项目研发的效率和实施效益；二是NASA高度重视技术基础和技术体系建设，发展形成了规范工程/项目研发技术与管理活动的一系列标准、程序、要求等，并根据实施中总结的经验教训和技术发展适时修订形成新的版本；三是在载人航天任务中，NASA自始至终倡导并不断发展“以人为中心设计（Human Centered Design）”的理念和方法，把人因工程（HFE，Human Factors Engineering）学科纳入系统工程体系，先后推出NASA 3000系列人-系统标准（Human - Systems Standard）、人-系统整合（HSI - Human Systems Integration）设计流程以及适人性评价（Human Rating）要求等规范，并竭力推动这些规范标准在项目/产品研发过程中的实施。航天人因工程及人-系统整合方法在保障载人航天任务策划的科学合理性、提升人信息加工和决策可靠性、减少操作失误、优化人机功能分配和人机界面设计、实现人-系统整合协同高效工作以及提高系统安全性等方面发挥了重要作用。

载人航天任务涉及航天器、测控通信、发射回收等多个方面，特别是由于航天员的参与使系统变得更为复杂，对人的安全性和操作的可靠性要求更高，是一项极为复杂的系统工程。从美俄早期的太空飞行来看，不管是联盟号飞船还是阿波罗计划，事故发生率很高，而后来的航天飞机任务还发生过两次机毁人亡的恶性事故。即便是最近几年，航天发射失利如天鹅座货运飞船爆炸、太空船2号失败等和国际空间站上出舱活动任务取消和推迟等事故依然不断。通过分析，绝大多数事故均可以追溯到对人的问题考虑不周造成的。因此，在载人航天领域，人因工程也是在不断总结失败教训中提高认识和逐步发展起来的。美国在初期的水星计划、天空实验室、阿波罗登月等任务中，重点分析解决人在太空中能否生存和工作的问题。航天飞机时期，NASA更加关注人因问题，不断总结以前任务工程实施中出现的问题教训和经验并植入到相关技术文件和要求中。人-系统整合的思想和方法开始形成，即在载人的系统/项目设计开发过程中要突出以人为中心的设计理念、充分考虑人的能力和局限性，以期提高系统安全和性能、降低研发成本。NASA于1985年就建立了人-系统标准NASA - STD - 3000，1987年在约翰逊航天中心成立适居性和人因部门，作为航天人因工程的主要牵头单位。1991年为国际空间站（ISS）任务制定了航天人因工程发展计划（SHFE）。2005 年推出人的研究计划（HRP），全面深入研究未来深空探测、登火星任务中的人因工程问题，引领国际航天人因工程领域的发展。与此同时，NASA 在不同阶段先后推出了一系列相关标准规范并适时进行版本更新，如：NASA - STD - 3001《航天飞行人-系统标准》第 2 卷《人因、适居性与环境健康》，《人-系统整合设计流程》（HIDP）和《航天系统适人性要求》（NPR8705.2B）最新分别于 2011 年和 2012 年进行了版本升级或修订。这些人-系统整合相关的标准规范大多借鉴了美国国防部（DoD）的做法，但 DoD 多数与人相关的装备研发规范是强制的。NASA 直至目前还不像 DoD 那样严格要求，只有《航天系统适人性要求》是强制的。不过很显然，要贯彻适人性评价标准，遵循其他相关规范是最基本的。在 NASA 最近几年的载人项目管理中，HSI 的系列标准和规范得到了很好的贯彻，星座计划（Constellation Program）便是其中的典范，星座计划中的猎户座飞船、月面着陆器和 EVA 系统等在研发全周期中，均根据项目自身的实际采用或建立 HSI 规范化要求，并将 HSI 纳入到项目系统工程管理中。HSI 以人因工程学为学科支撑，不仅逐渐成为 NASA 全员的共识与理念，而且也是项目开发、管理人员遵循的规范和方法。相关资料表明，NASA 开展人因研究和人-系统整合的道路也并非一帆风顺，也是克服了许多模糊甚至错误认识才发展起来的。比如，一开始很多工程师/设计人员认为 HSI 太繁琐束缚了自己的手脚，认为自己能自然反映用户的全部需求，总凭自己经验和直觉进行设计，经常发生设计者与使用者（操作或维修人员）之间的角色混淆，不懂得使用需求的科学规范性，导致设计不能系统全面客观正确反映最终用户需求。有的认为“产品有缺陷没关系，下次再改进或还可以通过训练弥补”。这是人因学发展史上最典型的“人适应机”的过时观念，很容易导致安全和使用风险。HSI 强调“机适应人”，并且，要确保一次设计到位才能降低成本和风险。还有的要么认为“人与机器差不多，可以像简单检测机器一样来检测人的情景意识”；要么认为“人是不可靠的，要用技术取代人的功能”，对人与机的不同特性认识不清往往导致人机功能分配不合理。还有不少人认为，实施 HSI 增加了额外成本不划算，或者很多项目预算中就不包括这块经费，而没有认识到 HSI 在项目/产品全周期研发中避免了许多反复反而能大大降低成本。将 HSI 更高效地融合到项目系统工程管理中去并显示其在全周期研发中的高费效比，是 NASA 进一步努力的目标。

我国从 1968 年航天医学工程研究所成立开始就创立航天医学工程学科，开展包括航天工效在内的有关人的问题研究。1981 年，在钱学森系统工程思想指导下创立了人-机-环境系统工程理论，这一理论与方法在理念与目标上与 HSI 很相似，其体现的系统工程思想与方法在我国载人航天任务中得到了有效的应用。1992 年我国载人航天工程启动时，设立了航天员系统并下设医学、工效学评价分系统，确立了“载人航天，以人为本”理念。经过 20 多年的实践发展，航天工效在研究内容、方法和工程应用上逐步走向成熟，形成了包括载人飞船、货运飞船、空间站舱内、舱外以及舱外航天服等一系列工效学设计要求与规范。目前为我国空间站工程研究制定了工效学要求和评价标准，而且成为工程大总体下发的要求。2011 年在中国航天员科研训练中心设立人因工程国家级重点实验室，标志我国航天人因工程进入新的发展阶段。航天工效和人因工程的发展为我国载人航天工程成功实施发挥了重要作用。

虽然我国对人因问题研究也很早，且自载人航天工程实施以来，从项目的顶层管理者到具体的工程设计人员对人的问题认识也在不断提高，但与NASA相比，我们还存在不少差距和问题，比如，从工程总体到各项目/产品层面对人因工程涉及的理念和方法理解不深，组织机构不健全、自上而下的推力不足，人-系统整合标准制度、技术体系不完善，在人因方向的技术基础较弱、投入保障不够，等等。“他山之石，可以攻玉”，基于此，我们组织编译了NASA人-系统整合与人因方面的相关文献和标准，这些文献反映了NASA在载人航天任务研发实施中多年来形成的思想、思维方法以及技术规范的最新成果。目前空间站工程研制在即，后续任务也在论证过程中，充分借鉴国际上成熟做法与成功经验，建立完善适合我国实际的人-系统整合相关技术体系，不仅十分迫切，同时对于推动我国载人航天事业的进步与发展意义重大。

感谢参加本译丛编译的全体人员，他们大多数是在工作之余挤出宝贵时间完成翻译编校工作的。

感谢载人航天工程办公室和航天员科研训练中心的领导和机关的大力支持！感谢中国宇航出版社为本译丛出版所做出的努力！

由于本译丛所涉及专业面宽、信息量大、标准术语较多，翻译难免有不一致或疏漏失误之处，敬请读者批评指正。

中国载人航天工程副总设计师
中国科天员科研训练中心
人因工程重点实验室
主任 陈善廣

2016年8月

前　言

为了跟踪国外在航天器人-系统整合领域的最新研究与应用动态，以及相关标准、要求、方法等技术理论，人因工程重点实验室与航天员科研训练中心第一研究室、第十七研究室一同完成了 NASA 相关文献的调研、翻译和校对等工作，形成了 NASA 人-系统整合标准与指南译丛，供我国载人航天工程和其他工程任务参考。

译丛共分为 5 册，包括：

第 1 册：《航天系统适人性要求与人因工程活动》

第 2 册：《人-系统整合设计流程》

第 3 册：《航天飞行人-系统标准》

第 4 册：《人整合设计手册（上）》

第 5 册：《人整合设计手册（下）》

各分册内容概述如下。

（一）第 1 册《航天系统适人性要求与人因工程活动》

该册内容包括 NPR8705.2B《航天系统适人性要求》和 NASA/TM－2006－214535《人因工程设计、研发、测试与评价》。

(1)《航天系统适人性要求》

该文件是一个程序性要求文件，目的是定义和实施载人航天系统研制中必要的过程、程序和要求，旨在确保执行太空任务的乘组和乘客安全。该文件适用于星座载人航天系统，为项目负责人及其团队提供了适人性（Human－Rating）认证路线。本文首版发布于 2008 年 5 月，更新于 2012 年 8 月，有效期至 2016 年 5 月。

前言给出了航天系统适人性要求的目的、适用性、权威性文件、适用文件、测量/验证和失效文件等，指出适人性系统应满足人的需要，利用人的能力，控制系统与人的风险，并明确其不是特殊要求，而是载人航天所必须的。

第 1 章详细阐述了适人性的定义、适人性认证过程、角色和职责、适人性认证主要时间表，指出适人性认证是项目与三个技术部门（工程、健康和医疗、安全与任务保证）之间的平衡和检查机制，以帮助项目负责人（program manager）和技术部门将整个开发和操作团队持续聚焦在乘员安全性上。明确指出适人性不仅是一套要求、一个过程或一个认证，它关乎理念，由领导慢慢灌输，要使每个人都感觉自己的设计与乘员安全密切相关。

第 2 章详细介绍了适人性认证的流程和标准、系统设计、验证和确认系统能力与效能、系统飞行试验、认证和运行适人性系统，指出适人性认证要求用于指导项目负责人完成认证过程，并规定适人性认证包（HRCP）的内容。

第 3 章详细阐述了系统安全要求、系统控制的通用要求、系统控制要求-适人性航天器、系统控制要求-适人性航天器的接近操作、乘员生存/逃逸要求，指出适人性技术要求确定系统安全、系统的乘员/人控制、乘员的生存/逃逸等三个主要领域的能力，并强调适人性技术要求并不意味着包容全部的适人性，其只是为项目负责人提供能力基础的判断，项目负责人据此为每个相关任务建立识别和增加独特能力。

附录 D 的 HRCP 适人性认证包，用于引导评审人员的评审活动，指出最终提交适人性认证批准和认可的 HRCP，将按照项目管理委员会（Program Management Council，PMC）制定的方式提供给有关各方。

（2）《人因工程设计、研发、测试与评价》

《人因工程设计、研发、测试与评价》制定的目的是突显人因工程应用的重要性，指出 HFE 是 NASA 开展系统研发、采购和评价的关键因素，文中明确要求：在航天器系统的整个研发生命周期中，要应用 HFE 并说明 HFE 承担的典型角色。本文发布于 2006 年 12 月，作为大型项目解决方案，指导人因工程在项目研制全周期的设计与实施。

第 1 章描述了人因在工程设计、研发、测试与评价中的角色定位、人因的范围和与其他学科的关联，明确了 HFE 是复杂人-机系统设计的基本要素，也是总体设计和评价过程的关键组成部分。

第 2 章描述了人因产品特性、过程特点和人误风险管理，指出确保系统鲁棒性（健壮性）和可靠性的关键特征可以分为以下两种：用于研发和操作产品的产品特性以及过程特性，文中还强调在研发过程的早期，识别出来自于人误的潜在风险非常重要。

第 3 章描述了为了支持人可靠性而进行的 HFE 活动，这些活动包括功能分析与分配，任务分析，人员配置，资质和整合工作设计，人失误，可靠性分析和风险评估，人-系统界面和程序设计，训练计划设计，HFE 验证和确认，运行监测，测试与评估，指出了开展 11 项活动的时间表和具体方法，并明确活动可以并行开展。在 DDTE 计划过程中每种活动的工作强度都会增加或减少。

第 4 章描述了人因工程的发展历程以及过往的成功和失败案例，案例主要包括联盟 11 减压（运行需求和人的能力不匹配的例子）、起源号航天器 G 开关（缺乏检测人差异的测试程序的案例）、轨道器的 FOD（在非日常维护条件下利用人的能力示例——“鱼跃接球”）、阿波罗 13（非常规操作环境中使用人的能力示例）。

第 5 章描述了系统特征、计划特征和核心 HFE 活动，指出人-系统交互发生在系统研发和航天器系统运行的所有阶段，明确 HFE 计划包括需要设计和评估过程中涉及的组织（NASA，主承包商，子承包商）完成的 11 项核心活动。

（二）第 2 册《人-系统整合设计流程》

该册内容为 NASA/TP－2014－218556《人-系统整合设计流程》。

《人-系统整合设计流程》制定的目的是提供人-系统整合设计流程，包括方法和最佳实践经验，以指导和规范 NASA 载人航天器的研制满足人-系统整合和适人性要求。HIDP 采用以人为中心设计方法和流程为框架，支持系统实现人-系统整合要求与适人性。

本文于2014年9月首次发布，适用于载人航天系统工程的研制与实施，用于指导人-系统整合活动流程的研制和发展。《人-系统整合设计流程》和《人整合设计手册》是互补的参考文档。后者依据人-系统设计标准提供背景信息，而前者描述流程的“操作方法”，两者涵盖了NASA已经在载人航天系统研制与实施期间使用的方法和最佳实践。

HIDP按各章节组织，相对独立，可根据需要直接引用。

前2章为引言和文件，介绍了制定HIDP的目的、适用性和使用方法，以及适用文件和参考文件等。

第3章提供了人-系统整合的总体信息，主要涵盖NASA的人-系统整合，以人为中心的设计（HCD），在航天系统研发过程中的应用，以及技术文件概要等4部分内容。首先，描述了人-系统整合的概念、目的和关键因素；其次，描述了以人为中心设计的理论基础、原则和设计过程中的三项主要活动；再次，描述了人-系统整合（HSI）团队的概念，及其在载人航天器的研制和以人为中心设计过程中的作用；最后，总结了以人为中心的设计活动典型的产出所形成的通用技术成果，及其相关联的里程碑。

第4章中相对独立的各节用来描述不同航天器的设计项目与方法，这些内容需符合NASA-STD-3001和/或NPR 8705.2B的要求。每个设计项目与方法都明确针对NASA-STD-3001和/或NPR 8705.2B的相关要求，目的是用于航天系统研制和认证，且每个方面均包含足够的背景信息、知识和指向作为重要补充的其他文档（如HIDH），以获取详细内容信息。为成功实现系统满足最佳要求和适人性认证，每项内容还给出了在整个工程研发的生命周期应给予评估的相关关键技术文件。这些设计项目主要包括用户任务分析、可用性评估、工作负荷评估、人因失误分析、乘员物理特性和能力设计、操作品质评价、噪声控制设计、辐射屏蔽设计、功能性空间设计、乘员生存能力评估、代谢负荷和环境控制生命保障系统设计、显示样式设计、用户界面标识设计、乘员防护设计、为生理功能减弱的乘员进行的设计、缓解减压病设计、航天食品系统设计、易读性评价等18个方面内容。

（三）第3册《航天飞行人-系统标准》

该册内容为NASA-STD-3001《航天飞行人-系统标准》，包括第1卷《乘员健康》和第2卷《人因、适居性与环境健康》。

《航天飞行人-系统标准》是为NASA制定的一套人机系统标准，用于轨道飞行器、月球登陆车、火星漫游器、舱外航天服等航天器人-系统交互界面的工程研制，旨在满足当前和未来载人航天器工程设计需要，确保航天员健康并提高医学保障能力。

本标准于2007年首次发布，并于2014年7月发布了NASA-STD-3001第1卷《乘员健康》的第1版修订本。本标准为NASA顶级标准，由首席健康与医学官办公室设立，旨在降低载人航天飞行项目中飞行乘组的健康和工效风险，共分为两卷。

（1）第 1 卷《乘员健康》

该卷对任务身体素质、航天飞行容许暴露限值、容许输出限值、保健等级、医疗诊断、干预、治疗和护理以及对抗措施设定了标准。

前 3 章介绍了该卷标准的目标、适用的范围、剪裁的要求、适用文件，以及缩略词语及相关定义等。

第 4 章描述了医疗护理等级，人效能标准，健康和医学审查、评估和鉴定，医学诊断、干预、治疗和护理等。首先，介绍了护理级别制定的影响因素，以及零级护理、一级护理、二级护理、三级护理、四级护理、五级护理和护理中止的定义和要求；其次，介绍了航天飞行中人的效能健康标准，明确了航天飞行中对乘员健康和效能有害的医学风险的可接受程度，提供了乘员在轨健康维护和保障产品的目标参数；再次，介绍了乘员医学初次选拔要求和医学鉴定与评估要求；最后，明确了在训练和飞行前、中、后等各个阶段医学诊断、干预、治疗和护理的基本要求。

（2）第 2 卷《人因、适居性与环境健康》

该卷着重于人身体和认知的能力与局限性，并为航天器、内部环境、设施、有效载荷以及太空运行期间的乘员界面相关设备、硬件和软件系统确定了标准。

前 3 章介绍了该卷标准的目标、适用的范围、剪裁的要求、适用文件和项目执行的标准等。

第 4 章介绍了人体特性与能力的相关要求，包括人体数据库建立的要求与特征，以及身高、移动范围、可达域、人体表面积、人体体积、人体质量、力量和有氧能力等多方面人体特性项目的阐释与要求。

第 5 章从工作效能的角度叙述了人的知觉和认知特性，包括视觉、听觉感知、感觉运动和认知等知觉认知的特性与能力，以及时间与工作效率、情景意识和认知工作负荷等人整合操作能力等多方面特性的阐释与要求。

第 6 章介绍了自然及诱导环境因素的分类及其相关要求，包括舱内大气、水、污染物、加速度、声学、振动和辐射等方面的相关参数的阐释与要求。

第 7 章描述了系统满足人居住需具备的特性。每项特性的具体需求因任务不同而不同，包括食品和营养、个人卫生、身体废弃物管理、生理对抗措施、医疗、存储、库存管理系统、垃圾管理系统和睡眠等方面的相关参数的阐释与要求。

第 8 章介绍了系统满足乘组工作与生活需具备的特性，包括空间、功能划分与配置、转移路径、舱门、束缚和活动辅助设施、窗和照明等方面的相关参数的阐释与要求。

第 9 章介绍了所有类型的硬件与设备设计时需要考虑的因素与相关要求，包括标准化、训练最少化、风险最小化、耐受力、装配和拆卸、电缆管理、维修性设计、防护和应急设备等方面的阐释与要求。

第 10 章介绍了乘员界面设计的共性要素，以及各类乘员界面设计的特征要素与要求，包括显示器、控制器、显示器与控制器布局、通信系统、自动化与机器人系统、信息管理等方面的阐释与要求。

第 11 章介绍了为了满足着服航天员的健康、安全与工作效率，航天服设计时需要考虑的因素，包括服装设计与操作和着装功能等方面的相关参数的阐释与要求。

（四）第 4 册《人整合设计手册（上）》

该册内容为 NASA/SP－2010－3407/REV1《人整合设计手册》的第 1 章至第 7 章。

为实现 NASA－STD－3001《航天飞行人-系统标准》所规定的要求提供资源，且为获得并实施该标准所规定的具体项目要求提供必要的数据和指导，NASA 配套制定了 NASA/SP－2010－3407《人整合设计手册》，与 NASA－STD－3001 配套，共同为 NASA 的所有人类航天飞行项目和计划提供载人航天器人-系统设计的规范性指导。本手册适用于在太空、月球以及其他行星表面环境中乘员在航天器内、外部所进行的所有操作。

本手册于 2007 首次发布，并于 2014 年 6 月发布了 NASA/SP－2010－3407 的第 1 版修订本，对全篇内容进行了修订更新。本手册的编写顺序与 NASA－STD－3001 第 2 卷相同。

前 2 章介绍了该卷标准的目标、适用的范围、使用的方法、内容概述和适用的文件等。

第 3 章概述了具体项目要求产生的过程，以及该手册将人的健康、适居性和工效方面的信息整合进系统设计的过程与相关要求等。

第 4 章涵盖乘员的人体尺寸、外形、可达域、活动范围、力量以及质量等相关信息，阐释了如何针对一个项目确定正确的数据，以及如何使用这些信息来创建适合乘员的设计。

第 5 章介绍了人在太空飞行中体能、认知、感知能力及其局限性，所涵盖的主题包括体力工作负荷、视觉和听觉感知以及认知工作负荷，并重点讲述了人的效能的诸多要素在航天飞行过程中的变化机制等。

第 6 章阐述了为保证航天飞行任务中乘组的健康和安全，保护其不受航天飞行自然环境以及诱导环境的影响，在设计中应考虑的因素及其具体要求，包括舱内大气、水、污染、加速度、声学、振动、电离辐射、非电离辐射等方面的参数要求。

第 7 章介绍了乘员在航天器内日常活动的设计考虑因素，包括就餐、睡眠、个人卫生、废弃物管理、库存管理和其他活动等，以确保环境的适居性。

（五）第 5 册《人整合设计手册（下）》

该册内容为 NASA/SP－2010－3407/REV1《人整合设计手册》的第 8 章至附录 D。

第 8 章为概述性与指南性内容，主要介绍了航天器整体结构布局与空间、功能配置与区域划分、位置和定向辅助设施、交通流和转移路径、舱口与门窗以及照明灯等方面的参数要求。

第 9 章介绍了硬件与设备设计时应该遵循的要求与指南，包括工具、抽屉和货架、封闭物、硬件安装、手柄和抓握区域、限制器、机动辅助器、紧固件、连接器、视觉获取、包装、服装以及乘员个人用品等。

第 10 章介绍了用于乘员与系统之间进行信息交换的人-机界面的设计要求，包括视觉显示器、听觉显示器、控制器和标签等多种类型界面的设计要求与指南等。

第 11 章介绍了为了保证着舱外航天服的航天员在舱外作业时的安全与效率需要考虑的因素及其要求，包括生命保障功能、舱外活动绩效和舱外活动安全性等。

附录 A 至附录 D 给出了手册中涉及到的缩略词及其定义，人体测量参数、生物力学和力量参数数据，视窗的基本光学理论，以及载人飞行器视窗中光学性能的应用需求等。

目　录

航天系统适人性要求

人因工程设计、研发、测试与评价

NPR 8705.2B——NASA 程序要求，本要求为强制性标准
生效日期：2008 年 5 月 6 日
有效期至：2016 年 5 月 6 日

航天系统适人性要求

（第 4 版，修订于 2012 年 8 月 21 日）

负责部门：安全与任务保证办公室

前言

P.1 目的

P.1.1 NASA 的政策是保护参与或涉及航天活动的所有人的健康和安全，特别是航天员、乘客、地面人员和相关公众。这一政策通过 NASA 的指令和标准的应用来实施。

P.1.2 复杂航天硬件研制的巨大经费保障，要求所有任务必须能够满足高的可靠性和飞行任务成功标准。NASA 程序要求（NPR）文件定义和落实了研制适人性航天系统所必须的相应流程、程序和要求，目的是确保 NASA 航天任务中的乘员和乘客的安全。

P.1.3 一个经过适人性认证的系统应当满足人的需要，能够有效地利用人的能力控制不利因素并管控载人航天过程中的安全风险，能够最大限度地保障航天员在危险的情况下恢复安全。适人性认证仅适用于需要评估安全风险并确定安全风险对于载人飞行是可接受的、需严格精细管控的任务，对其他任何活动都不适用。

P.1.4 适人性认证必须贯穿系统整个生命周期的所有项目活动，包括设计和开发、测试和验证、程序管理和控制、飞行准备认证、任务操作、支持工程、维修、升级和报废。

P.1.5 本 NPR 适用于 P.2 节定义的航天系统。在首次载人飞行任务之前应进行适人性认证，且评估应贯穿于载人航天系统的全生命周期。

P.2 适用性

P.2.1 NPR 的适人性要求，适用于 NASA 人类太空飞行任务中载人航天系统工程的研发与实施工作。NPR 也可以适用于其他的载人航天系统，可体现在单独的要求或协议中。

注 1：适人性认证是针对载人航天系统的要求，但其认证过程和要求会影响其他任务系统的功能和元件，如控制中心、发射台和通信系统。详细定义信息可参阅附录 A。需要进行适人性认证的载人航天系统类型（依此 NPR）包括但不限于：航天器和运载火箭、提供生命保障功能的行星基地及其他行星表面移动系统，以及舱外活动（EVA）服装。

注 2：正如本 NPR 定义，载人航天系统是由所有分系统单元组成的，这些单元均与乘员相关，并为乘员提供生命保障功能。鉴于乘员位于航天器/系统内，载人航天系统还包括所有在物理上连接到系统且为乘员提供保障的单元。每个独立单元不需要取得适人性认证，因为适人性认证是针对整个载人航天系统的。然而，根据采购活动要求，NASA 项目负责人（译者注：航天工程项目主管，后文中“项目”这个词相当于中文的“某个工程型号”）可选择寻求对载人系统单元进行独立认证。可参见附录 A 中的定义。

注 3：依据本 NPR，适人性认证是基于基准任务进行的。在基准任务期间，载人航天系统与其他系统（控制中心、发射台、空间通信系统）存在接口联系。本 NPR 的有些要求，如对容错和疏忽动作的要求，与其他系统之间存在跨系统接口关系。这些接口要求的实现也是载人航天系统适人性认证的组成部分。因此，依此 NPR，作为基准任务组成部分的其他系统，如控制中心和发射台等，就不需要进行单独适人性认证。

注 4：当基准任务涉及多个载人系统时，NASA 的项目负责人可以对每个载人系统进行规定，以便明确每个载人系统都有自己的适人性认证。

注 5：有些适人性认证可能基于具有一般能力的基准任务，如捕获和维护卫星的航天器任务，可接纳多类航天器访问的空间站或行星基地任务等。对于这些认证，本 NPR 规定 NASA 项目负责人可以制定程序文档（如接口要求或任务安全要求），以确保任务期间可能连接到此适人性系统的各类系统能落实本 NPR 相关要求和功能。

P. 2. 2　根据本 NPR，航天飞机、国际空间站（ISS）与联盟号宇宙飞船是不需要取得适人性认证的。因为这些项目符合现有的政策、程序和要求，能够证明其满足 NASA 任务系统的适人性要求。

注 1：所有 ISS 到访飞船必须满足 ISS 接口要求（以前称为“访问航天器要求”）。对于连接到 ISS 的飞船来说，适人性认证要考虑到 ISS 已经是先前经过适人性认证的系统。对一艘飞船的适人性评价不取代、也不排除其必须满足其他执行到访/接近/对接操作的飞船提出的相关要求。

P. 2. 3　系统的适用性如 P. 2. 1 和 P. 2. 2 所述，如果还有不明确的，项目负责人应当根据 NPR 的要求，报请 NASA 局长批准，最终获得适人性评价适用性的解释权。

P. 2. 4　当 NPR 的要求应用到国际合作的航天系统时，NPR 的要求应当写入独立的协议文件，如双边或多边协定。

P. 2. 5　对于需要适人性认证的航天系统，项目负责人要确保遵守 NPR 的有关规定。工程研制中项目负责人使用项目要求文件、规范、合同条款及工作说明书指导承包商遵守 NPR。

P. 2. 6　实施过程中，出现与其他的 NASA 程序要求和标准发生冲突时，以本 NPR 要求为准。

P. 2. 7　本 NPR 的要求可补充其他联邦政府推行的要求。

P. 2. 8　本 NPR 文档中，要求的内容用“shall（应当）”界定，描述性的材料用“is（是）”界定，许可的内容用“may（可以）”界定。

P. 2. 9　对于本 NPR 的例外和豁免的请求，可以按照本 NPR 文档 1. 4 节给出的程序批准相关请求。在没有异议的情况下，作为适人性评价的权威主管，NASA 局长可以批准有关的请求。

P. 2. 10　本 NPR 在发布时会给出关于适人性系统的知识。它并不能完全解决所有可能的、未来需要的特有能力要求，如月表系统和开发的火星任务系统。因此，针对新系统任务的开发和附加要求，NPR 未来的修订是必要的。

P.3 权威性文件

a.《美国国家航空航天法》51 U.S.C. 第 20113（a）。

b. NPD 7120.4《NASA 工程和项目管理政策》。

c. NPD 8700.1《NASA 安全和任务成功政策》。

P.4 适用文件

a. NASA-STD-3001《航天飞行人-系统标准》第 1 卷：《乘员健康》。

b. NASA-STD-3001《航天飞行人-系统标准》第 2 卷：《人因、适居性与环境健康》。

c. FAA HFDS《人因设计标准》。

d. MIL-STD-1472《国防部设计标准——人体工程》。

P.5 测量/验证

项目对于本 NPR 要求的符合性验证应与选定的关键节点评审相结合，关键节点评审包括：系统需求评审（SRR）、系统定义评审（SDR）、初步设计评审（PDR）、关键设计评审（CDR）、系统整合评审（SIR）和运行准备评审（ORR）。评审的依据来源于 NPR 7120.5《NASA 太空飞行计划和项目管理要求》及 NPR 7123.1《NASA 系统工程的过程和要求》。本 NPR 规定了评审应当纳入产品研发过程，指定在每个所选产品研制的关键节点实施评审。这些产品适人性认证的充分性和可接受性的进展用来验证产品对本 NPR 符合性。此外，本 NPR 定义的要求和流程是依据 NPR 8705.6《安全与任务保证审计，评审和评估》的规定来进行的。

P.6 失效文件

NPR 8705.2A（2005 年 2 月 7 日发布）。

第1章 适人性认证过程

1.1 引 言

1.1.1 NASA的政策是保护参与或涉及航天活动的所有人的健康和安全，特别是乘员、乘客、地面人员和相关公众。这一政策通过NASA的指令和标准的应用来实施。一个简洁的文档树（图1）显示了健康、安全、工程指令和标准与NASA顶层的管理指令和标准的紧密关系（请参阅一个更广泛的文档树 http://www.hq.nasa.gov/office/codeq/doctree/qdoc.htm）。这一描述符合整体的管理结构，即建立了项目与三个技术管理部门（工程、健康与医疗、安全与任务保证）之间的平衡机制和检查机制。本NPR包含三个技术管理部门的要求；然而，为了行政管理的目的，本NPR位于安全与任务保证指南模块。

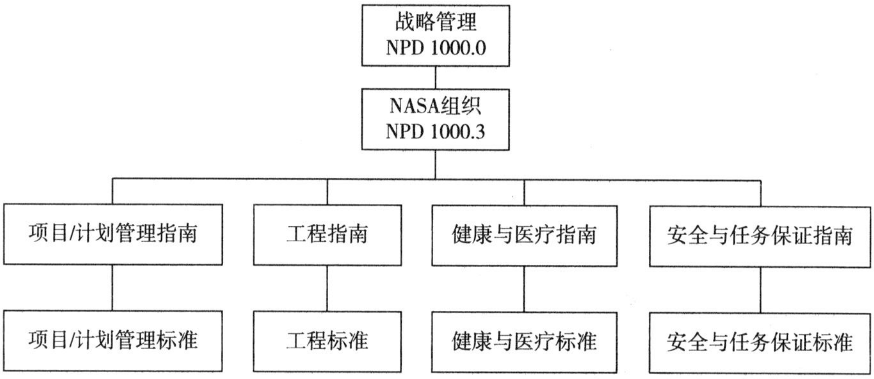

图1 NASA顶层的适人性要求框架

1.1.2 复杂航天硬件产品研制的巨额经费保障，要求所有任务满足公共安全、可靠性和任务成功的高标准。本NPR文件定义和落实研制适人性航天系统必需的相关流程、程序和要求，目的是确保NASA航天任务中的乘员和乘客的安全。适人性评价包含在NASA对任何高价值/高优先级的航天飞行计划或项目的强制实施指令中，以及由下列机构颁布的强制标准中：总工程师办公室（http://nen.nasa.gov/portal/site/llis/standards/），安全与任务保证办公室（http://www.hq.nasa.gov/office/codeq/doctree/doctreec.htm），以及首席健康与医疗官办公室（http://www.nasa.gov/offices/ochmo/policy_stds/index.html）。此外，根据本NPR，作为适人性评价过程的一部分，技术管理部门可根据实际情况实施其他适当的标准。图2说明了如何整合NPR与其他NASA指南，以供项目负责人使用。

1.1.3 不可能用一套NASA顶层的技术要求来满足所有载人航天任务的安全要求。

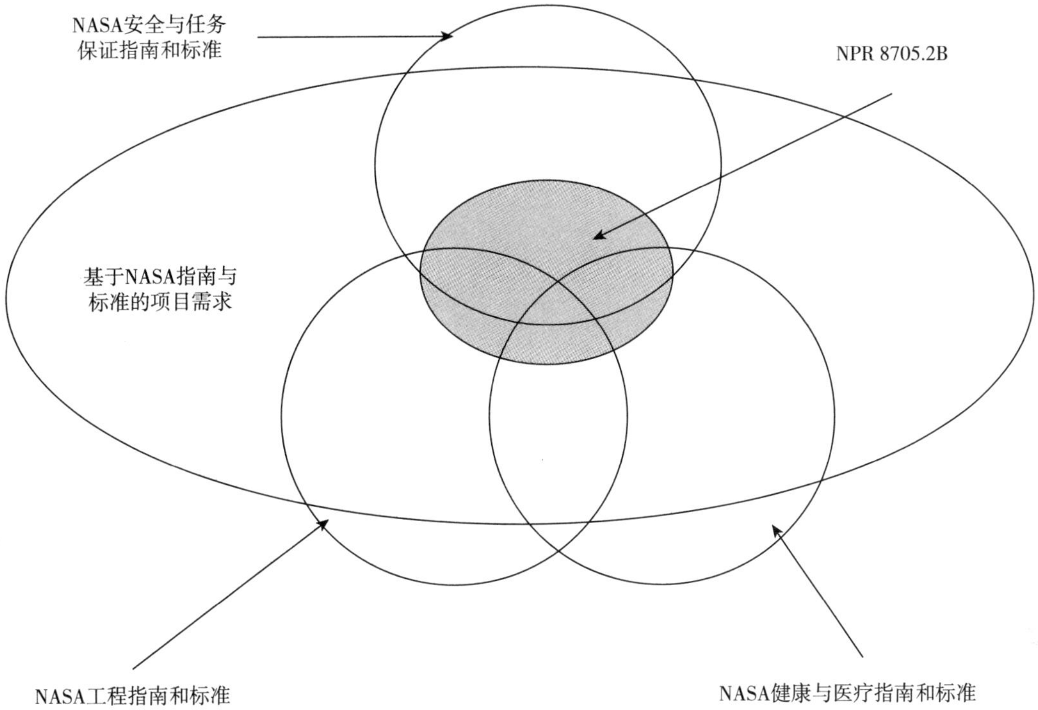

图 2　NASA 指令性要求之间的相互关系

通过遵守指令和标准可以提供安全框架，但不管怎样，项目负责人对所研制的载人系统的安全和可靠性负责，技术管理部门提供必要的检查和部门间的制衡。在整个设计和研制过程中，项目负责人要对决策负责，确保系统安全、有效并可行。技术管理部门监督研制部门，确保设计方案的合理性，并帮助其识别风险和提出安全建议。必须认识到实施航天飞行存在风险，但风险水平应可接受，这个过程依据管理层认可的安全目标和阈值确定（由长期飞行目标和最大可承受风险水平，或最小可接受的安全水平定义），这必须在系统层面明确，并且用乘员丧生概率等指标描述。系统目标和阈值必须与所实施的任务类型相匹配，并能用于其他安全标准，例如要求系统应能够容错和提供乘员逃逸和生存能力。本 NRP 包含适人性认证过程，帮助项目负责人和技术管理者将整个研发团队的关注点持续聚焦在乘员安全性上。本 NRP 也包含一系列技术要求，帮助项目负责人建立适人性系统能力基准。这些技术要求不是绝对的，也未必覆盖全面。希望项目负责人要正确评估这些技术要求的目的，充分发挥研发团队的才能和作用来设计最安全、实用的系统，以确保在约束条件下圆满完成任务。通过这样做，希望项目能找到最优解决方案，即考虑了成本、时间进度、绩效和安全。

总之，适人性不仅是一套要求、一个过程或一个认证，它关乎理念，由领导慢慢灌输，要使每个人都感觉自己的设计与乘员安全密切相关。

1.2 适人性的定义

1.2.1 要理解适人性，就必须回答以下的问题："把人类带入太空与耗资数十亿美元的机器人进入太空有什么不同？与两者相对应的开发和认证系统根本上的不同是什么？"

1.2.2 过去的45年，在水星号、双子星座、阿波罗、天空实验室、航天飞机和国际空间站系统的发展历程中，1.2.1的问题已经被回答过多次。从这些系统任务中吸取的经验教训，推动适人性系统和适人性工作提上议事日程，为此本NPR给出下列定义：

一个适人性系统应当满足人的需求，有效地利用人的能力充分控制风险，确保人操作安全，并在发生危险时具备为乘员提供最大程度快速有效恢复安全的能力。

适人性由三项基本原则组成：1）适人性是一个设计和评价过程，确保整个系统安全性满足载人飞行任务；2）适人性将满足人与系统交互特点，提高整体的安全性和任务成功；3）适人性应兼顾设计特征和确保人从危险环境中安全恢复的能力。适人性是整个系统生命周期项目活动的一个组成部分，包括设计和开发、测试和验证、项目管理和控制、飞行准备认证、任务操作、支持工程、维护、升级和报废。

1.2.2.1 定义的原则1描述了适人性航天系统针对设计、开发、认证和运行时更加严格和详细的要求。设计一个有质量和体积约束的航天系统，往往需要折中以满足执行任务的要求，包括乘组和乘客的安全返回。在许多方面，系统工程就是折中管理。必须理解和仔细考虑与每个决策相关的风险。在整个设计和开发过程中，借助工程、安全、健康与医学学科进行评审把关，可使研发人员确保其设计方案更加明确合理。当质量和体积的限制迫使各方妥协时，必须选择最安全的方案。一旦该系统启动研发，那么在每个任务的准备过程中都要进行评审。研发团队通过明确潜在的风险和不确定性，不断寻找方法以减少潜在的不受控制的危险。降低设计和操作中的不确定性、识别潜在危险、控制所有的安全风险等，都是适人性观念。

1.2.2.2 定义的原则2直接说明了在航天器或航天系统中有人的存在。要求载人航天器除了提供基本的人的需求，如环境、食物和水，还必须使乘员在一定程度上能控制系统。此原则强调人对航天系统的控制，是基于提高系统安全和完成任务这两个主要理由制定的。

1.2.2.3 定义的原则3认识到人类的空间探索将涉及许多固有的风险，尽管我们尽最大努力，但意外的危险仍有可能会发生。当开发载人航天器时，设计团队要考虑结合设计能力和保障措施，以便在系统故障、无法继续执行任务时，乘组能够平安归来。此外，只要可行，该系统还应为乘员提供在潜在的灾难性危险、灾难性事件和紧急情况下生还的能力。

1.3 适人性认证过程概述

1.3.1 适人性认证过程基于本NPR第2章中的认证要求。这些认证要求引导项目负责人对适人性评估的具体过程进行管理，并将结果记录在适人性认证包（HRCP，参见附录 D）中。HRCP 包含了适人性认证决策的相关信息。由于适人性评估涉及面宽，因此认证要求来自本 NPR1.2 条款中的适人性定义的具体方面。适人性认证主要侧重于将人的因素整合到系统中去，在任务期间防止影响乘员和乘客安全的灾难性事件发生。记录在 HRCP 的关键认证元素包括：

a. 用于认证的基准任务的定义；

b. 基准任务中每个阶段应实施的乘员生存策略的系统功能组合；

c. 本 NPR 第 3 章中适用性技术要求的执行能力；

d. 利用安全分析来影响系统开发和设计；

e. 人与系统的整合以及人因失误管理；

f. 关键系统性能的确认、验证与测试；

g. 飞行测试程序和测试目标；

h. 系统配置管理和相关适人性认证的维护。

1.3.2　适人性认证过程落实到 5 个重大的项目关键节点：SRR、SDR、PDR、CDR、ORR。在 5 个关键节点的适人性要求的满足情况，以及 HRCP 内容需要三个技术管理部门（安全、工程、健康与医疗）同意和批准。JSC 的主任在每个关键节点从乘员风险角度关注、审核和批准 HRCP。如果一个或多个技术管理部门或者 JSC 主任不同意某个关键节点里 HRCP 的内容，需提交给 NASA 局长（适人性评价的权威主管）处理。这样，项目负责人能够确保适人性认证的进展令人满意。附录 D 包含 5 个项目关键节点的 HRCP 内容的详细清单。完成 ORR 以后，项目负责人将向 NASA 局长提交 HRCP 和适人性认证申请及相关文件。系统验收后，为了项目的健康发展，项目负责人和技术管理部门将把适人性评价作为每次飞行或任务准备评审的一部分加以评审。

（备注 1 ：除了对 5 个关键节点进行评审与 HRCP 认可工作，还应在 SIR 中提供适人性认证活动现状综述，且对自 CDR 以来所有发生的重大变化予以明示）。

1.4　角色和职责

以下内容界定了与适人性认证相关的角色和责任。本节介绍了每一级官员的授权与职责。然而，在所有情况下，问责制仍然是最高一级。

1.4.1　NASA 局长具有适人性认证的最高权力，负责系统适人性认证。在职责范围内，美国 NASA 局长应：

a. 在项目开始时或开始之前，对于一个给定类型的基准任务确认安全目标、安全阈值及其相关说明，建立 NASA 顶层的风险容忍度（要求）。

注：NASA 顶层安全目标和阈值定义了乘员的长期目标和风险的最大可接受水平，用来指导开发人员对于一个给定类型的基准任务实施“达到多大程度的安全才足够”的评估。目标和阈值是在系统级别上确定的，而不是局部水平（例如，个别危害），并用乘员

丧生概率综合测量风险来表示。额外的或附加的目标和阈值可以在任务阶段设置，虽然它们通常独立于载人航天系统的体系结构。这个指标可以是定性的或定量的（概率）。定性表述是与已知的基准如现有系统进行比较（例如，“优于航天飞机”）的一种形式，它们可以更容易地与内部和外部合作方相互沟通。基于基准任务的情境，安全阈值明确指定了乘员最低安全允许水平（或最大风险可接受水平）。NASA 管理层将安全阈值作为准则用于对项目进行决策。符合性（即，是否满足设计要求）在项目的关键节点进行验证，是 NPR 7120.5 标准《NASA 太空飞行计划和项目管理要求》定义的项目关键决策点的输入。在有人或无人参与的飞行任务中，阈值都不会用作飞行准备的要求，或者作为第一次飞行、工程及试验飞行认证的一部分。阈值是针对一次性和重复任务定义的。安全目标给出了重复任务可接受的安全水平，作为主动安全升级和改进的长期目标（见 1.4.7.g 条款）。这个安全目标概念和相应要求的主要依据：最初设计的飞行风险水平对长期任务通常是不可接受的；对于人类太空飞行计划，由于飞行经验的逐步积累和分析的不断深入，可以使一个载人航天项目在全寿命周期中的风险显著降低。

b. 作出系统是否进行适人性评价的决定（要求 58287）。

c. 负责处置对本 NPR 例外和豁免的申请（要求 58288）。

1.4.2　NASA 副局长是项目管理委员会主席，负责给 NASA 局长提出适人性建议。在职责范围内，副局长应：

a. 在安全和任务保证首席官、总工程师、健康与医疗首席官支持下推荐任务主管，在 JSC 主任支持下推荐飞行乘员，发布经 NASA 局长批准的任务安全目标、安全阈值及相关说明（要求）。

b. 在 PDR 和订购过程中的任何其他时间，当遇到安全目标已经满足、任务和环境改变或在项目级别提出调整安全概率的要求时，重新发布安全目标、安全阈值和相关说明（要求）。

阐释：在项目周期的特定时间点重新发布安全目标和阈值，目的是确保其在条件变化或者知识更新的情况下，能够符合各合作方的期望。

c. 签署系统适人性认证的申请。

1.4.3　安全和任务保证首席官是安全与任务保证的技术权威，负责确保适人性中与安全有关内容的执行。安全和任务保证首席官应：

a. 在 SRR 之前，指明强制性的安全标准和所有需要项目级标准的安全主题（要求 58290）。

阐释：建立项目级别强制标准和批准项目所附加的标准是安全和任务保证技术首席官的职责。同时他也负责告知需要的项目级标准的相关主题。本 NPR 应用的标准是那些技术管理部门已经确认的所有适人性系统的强制标准。根据适人性系统的类型，安全和任务保证首席官给出适人性认证附加的强制标准。标准通过 NASA 指令或项目其他书面指令强制执行。

b. 获得安全目标、安全阈值和相关说明所需的支持和批准（要求）。

c. 决定系统开展适人性认证的可接受性（要求 58292）。

阐释：所给出的适人性认证的可接受性，是在与项目负责人的适人性认证申请中意见沟通一致后完成。

d. 确定 HRCP 记录中的每个结果的可接受性（要求 58294）。

阐释：设计的可接受性是通过在项目的关键节点中落实 HRCP 来完成的。

e. 经工程和健康与医疗技术权威部门同意，负责处置 NPR 例外和豁免的申请（要求 58296）。

阐释：NASA 管理模式强调单一责任管理人员对决策的产生和执行负责，安全和任务保证首席官作为负责本 NPR 的责任机构，处置例外和豁免申请。由于本 NPR 中很多要求是跨技术管理部门，因此安全和任务保证首席官的处置意见要经过工程和健康与医疗技术权威部门的同意，如 1.4.4 条款和 1.4.5 条款所述。

f. 针对每次任务/飞行的每个认证要求来确定适人性认证有效性（要求 58298）。

阐释：适人性认证作为每次任务/飞行认证评审的一个组成部分。具体的评审标准参见 2.6.3 条款和 2.6.4 条款。认证结果的有效性是指同意或不同意该次任务/飞行认证的结果。

1.4.4　总工程师是工程的技术总负责人，负责确保适人性中与工程技术有关内容的执行。总工程师应：

a. 在 SRR 之前，确定强制性项目级标准以及那些需要应用项目级标准的工程领域（要求 58301）。

阐释：建立项目级强制标准和批准项目级补充标准是总工程师的职责。同时也负责告知需要的项目级标准的相关主题。本 NPR 应用的标准是那些技术管理部门已经确认的所有适人性系统的强制标准。根据适人性系统的类型，总工程师确定适人性认证所需补充的强制标准。标准通过 NASA 指令或项目的其他书面指令强制执行。

b. 决定系统开展适人性认证的可接受性（要求 58303）。

阐释：给出的适人性认证的可接受性要与项目负责人对适人性认证申请书中的意见一致。

c. 确定 HRCP 记录中的每个结果的可接受性（要求 58305）。

阐释：设计的可接受性是通过在项目关键节点中落实 HRCP 来完成的。

d. 确定对 NPR 例外和豁免的申请的可接受性（要求 58307）。

阐释：即给出的可接受性包括同意或不同意相关申请。

e. 针对每次任务/飞行的每个认证要求来确定适人性认证有效性（要求 58312）。

阐释：适人性认证作为每次任务/飞行认证评审的一个组成部分。由于本 NPR 中很多要求是跨技术管理部门，因此处置意见要经过工程和健康与医疗技术权威部门的同意，如 1.4.4 条款和 1.4.5 条款所述。认证结果的有效性是指同意或不同意该次任务/飞行认证的结果。

1.4.5　健康与医疗首席官是健康与医疗技术权威，负责确保适人性中与健康与医疗有关内容的执行。健康与医疗首席官应：

a. 在 SRR 之前，确定强制性的健康与医疗标准以及那些需要应用项目级标准的健康与医疗相关的领域（要求 58312）。

阐释：确定项目级强制标准和批准项目所需的补充标准是健康与医疗首席官的职责。同时也负责告知需要的项目级标准的相关主题。本 NPR 应用的标准是那些技术管理部门已经确认的所有适人性系统的强制标准。根据适人性系统的类型，健康与医疗首席官确定适人性认证所需补充的强制标准。标准通过 NASA 指令或项目其他书面指令强制执行。

b. 决定系统开展适人性认证的可接受性（要求 58314）

阐释：给出的适人性认证的可接受性要与项目负责人对适人性认证申请书中的意见一致。

c. 确定 HRCP 记录中的每个结果的可接受性（要求 58316）。

阐释：设计的可接受性是通过在项目关键节点中落实 HRCP 来完成的。

d. 确定本 NPR 例外和豁免申请的可接受性（要求 58318）。

阐释：所给出的可接受性指同意或不同意相关申请。

e. 针对每次任务/飞行的每个认证要求来确定适人性认证的有效性（要求 58320）。

阐释：适人性认证作为每次任务/飞行认证评审的一个组成部分。具体的评审标准参见 2.6.3 条款和 2.6.4 条款。认证结果的有效性是指同意或不同意该次任务/飞行认证的结果。

1.4.6　负责任务指挥部的副局长应当：

a. 确保经过局长批准的 NASA 顶层安全目标、安全阈值和相关说明记录在文档中和项目承诺协议中（要求）。

b. 确保项目层次的文档中包含由 NASA 顶层的安全目标和安全阈值引出的安全概率要求（要求）。

c. 为项目负责人提供资源，来维持工程研制中安全要求升级和安全措施的改进，直到满足安全目标的要求（要求）。

注：参见 1.4.7.g 条款的相关要求。

d. 在每个关键节点设定之后，签署 HRCP（要求）。

e. 提供适人性认证请求的安排计划（要求）。

1.4.7　项目负责人负责提供、维护和运行适人性系统。项目负责人应：

a. 依据本 NPR 第 2 章的认证要求，在一定配置条件下，建立和维护产品 HRCP（要求 58329）。

b. 在 SIR 节点，提供适人性评价活动情况概要，突出说明自 CDR 以来发生过的任何显著的变化（要求 58330）。

阐释：CDR 和 ORR 之间可以有一段较长的时间。这个适人性评价情况概要需确保在这个时期进行适人性评价时仍然可见，但不需要正式更新和交付 HRCP。

c. 满足本 NPR 认证和技术要求（要求 58332）。

d. 依据本 NPR 8715.3 中 1.13 条款的规定，提出豁免和偏差的申请（要求 58333）。

e. 对本 NPR 中每一项认证要求获得适人性认证（要求 58334）。

f. 依据 NPR 的每一项要求，维护和运行通过适人性认证的适人性系统（要求 58335）。

g. 在项目周期内或安全目标满足之前，通过落实和维护安全要求的升级和改进计划，来解决通过飞行或安全分析识别的乘员风险（要求）。

注：用于落实安全要求的升级和改进计划的安全目标概念及相应的要求，主要依据：最初设计的飞行风险水平对长期任务通常是不可接受的；对于载人航天飞行计划，随着飞行经验的逐步积累和分析的不断深入，可以使一个载人航天项目在全寿命周期中的风险显著降低。对于在项目结束之前安全目标已经满足的情况，将重新制定其安全目标（见 1.4.2.b 条款）。为此 NASA 可以选择持续的项目投资，支持安全要求的升级和改进。但是，根据 2.2.3 条款的要求，无论项目是否满足安全目标，应该持续进行安全分析，以识别、评估和适当降低项目生命周期风险或减少缺陷。

1.4.8 JSC 主管负责航天任务适人性系统乘员风险的可接受性。

阐释：JSC 主管既不是项目主管也不是技术主管。但是，其必须考虑系统和任务对航天飞行中的乘员造成的风险。JSC 主管是适人性系统风险监控环节的一部分，其职责是在项目层上负责从乘员风险的角度关注适人性要求。如 1.3.2 条款和 1.5.2.1.3 条款所描述，当项目主管和 JSC 主管之间发生分歧时，通过制度机制将该事件提请 NASA 局长进行决策。

为了行使上述能力，JSC 主管应：

a. 从乘员风险的角度，确定适人性认证进度的可接受性（要求 58339）。

阐释：通过项目关键节点中 HRCP 的认可，确定对每个关键节点的乘员风险水平的可接受性。

b. 从乘员风险的角度，确定系统适人性认证可接受性（要求 58341）。

阐释：适人性认证的可接受性设计，应当与项目负责人对适人性认证的要求相一致。

c. 确定每项任务对乘员风险的可接受性（要求 58353）。

阐释：乘员风险可接受水平的确定是每个任务飞行认证过程的组成部分，包括适人性认证评审。根据国际协议的要求，这也适用于参加国际合作的乘员。

d. 对于本 NPR 例外和豁免的要求，应从乘员风险的角度，确定安全冗余的可接受性（要求 58345）。

1.4.9 依据本 NPR 7120.5《NASA 航天飞行计划和项目管理要求》，NASA 常设（独立）评审委员会在关键节点对产品认证要求情况进行评审（要求 58346）。

1.5 适人性认证主要时间表

1.5.1 图 3 描述了适人性认证过程和参与者的概况。

1.5.2 下面提供了项目过程中每个关键节点的关键事件概述。

图 3　适人性认证流程

注：适人性评价也是每个后续准备评审的一部分

1.5.2.1　SRR，SDR，PDR，CDR 及 ORR：

1.5.2.1.1　技术管理部门和 JSC 主管使用审批表（附录 E）认可并批准 HRCP 的内容（附录 D）作为评审过程的一部分。为满足认证要求，HRCP 请求批准的报告应正式上报评审委员会批准。JSC 主管对乘员的风险评估，也使用附录 E 中的表确认每个关键节点中的 HRCP。

1.5.2.1.2　评审完成后，负责任务指挥部的副局长负责审查、签署并批准 HRCP。

1.5.2.1.3 当一个或多个技术管理部门或JSC主管不同意某关键节点内的HRCP内容时，应当将HRCP按程序提交NASA局长（适人性评价最高权威）处置。如果副局长不批准某个关键节点中HRCP的内容，将HRCP可按程序提交NASA局长处置。

1.5.2.2 ORR后和第一次载人飞行任务前的评审准备：

1.5.2.2.1 项目负责人准备适人性认证（附录F），包括认证时间。

1.5.2.2.2 技术管理部门和JSC主管对适人性认证请求给出同意或拒绝意见。

1.5.2.2.3 适人性认证和HRCP的请求提交到负责任务指挥部的副局长签署。

1.5.2.2.4 适人性认证和HRCP的请求提交副局长审批或批复。

1.5.2.2.5 适人性认证和HRCP的请求提交局长（适人性认证最高权威）审批或批复。适人性认证请求处置应当比第一次载人飞行准备评审提前或同时进行。

1.5.2.3 适人性系统作为每个后续准备评审的一部分，应该包括：

1.5.2.3.1 项目负责人、技术权威、JSC主管评审适人性认证，包括以下内容：

a. 符合配置管理和维护计划。

b. 确认适人性系统在基准的任务范围内运行。

c. 以往飞行/任务中影响适人性认证的异常现象及其解决方案。

第2章 适人性认证要求

2.1 概 述

2.1.1 适人性认证要求是用于指导项目负责人完成认证过程，并规定适人性认证包（HRCP）的内容。认证要求分为五类：

a. 流程和标准

b. 系统设计

c. 验证和确认系统功能和性能

d. 系统飞行试验

e. 认证和运行适人性系统

2.2 流程和标准

2.2.1 适人性认证包（HRCP）。项目负责人应研发并维持用于载人航天系统的适人性认证包（HRCP），载人航天系统要求进行NASA适人性认证（要求58373）。

阐释：下面所列出的认证要求体现了适人性认证包（HRCP）的内容。在各个里程碑节点，适人性认证包（HRCP）反映了项目在适人性认证方面的进展，因此，在配置管理控制之下保持适人性认证包的变化被清晰地记录下来。当源于同一设计的多个系统具有相同的配置时，单一的适人性认证包（HRCP）可能适用于所有系统。2.6.4条款适用于发生设计更改、配置更改、块更新及其他变化的情形。

适人性认证是授予载人航天系统的要求，但认证过程和要求会影响其他任务系统的功能和元件，如控制中心、发射台和通信系统。详细信息请参考附录A中的定义。

2.2.2 适人性评价的豁免和例外。在适人性认证包（HRCP）中，依据本NPR文件中验证和技术要求的规定，项目负责人应汇总豁免和例外的所有申请，并提供与豁免和例外有关的项目文件（要求58376）。

阐释：按照NPR 1400.1《NASA指令系统程序要求》和NPR8715.3《NASA通用安全要求》中的规定，应提交豁免和例外申请。在本NPR文件中，安全与任务保证技术管理部门处理豁免和例外申请。HRCP记录所有例外和豁免申请，该申请应提交技术管理部门批准，HRCP还包括技术管理部门的最终处置。在HRCP中，利用现有项目配置管理过程和系统，实现跟踪这些例外和豁免，并记录它们的支持文件。在HRCP中，不包含适用标准的个别豁免及例外。

2.2.3　安全分析过程。在 SRR 之前，项目负责人应记录、实施和保持（在项目的生命周期内）这样一个过程，包括识别危险及其带来的潜在风险、为危险工况建立模型、确定对乘员安全的风险并排序、灾难性事件的预防与缓解措施（要求 58378）。

阐释：识别和理解（包括由软件因素和人为差错造成的）危险的过程，定义和建模与风险有关工况（参考 NPR 8715.3《NASA 通用安全要求》中的 2.3.6.1 条款）以评价并对相关的乘员安全风险分级，成为整体迭代设计和开发过程的重要组成部分，其作用是消除危险，控制引发危险的事件，或者控制发生危险的相关条件，以减轻危险造成的影响。为了完成工况确定与危险识别，需要运用基准任务中的相关内容。上述努力与任何其他工程建模及评价活动之间的完整性与一致性也很重要。安全分析活动的常见方法和工具包括但不限于：传统的安全性和可靠性分析技术（危险分析、故障树分析、故障模式及影响分析、损坏模式及影响分析、关键项目清单）、风险概率评估（PRA）、建模仿真技术、事故预兆分析。在评估中，这些分析技术互相支持和影响，其间的关联保证了可以实施全面的风险评估。本条要求明确指出了乘员丧生是本 NPR 文件的第一重点；对于那些影响任务成败的风险要求，它们已经包含在其他 8000 系列 NASA 指令文件当中。该过程不需要建立一个单独的文件记录；它可以包含在其他计划文件当中，如可以体现在本 NPR 文件 2.2.4 条款描述的安全与任务保证综合计划或体现在 NPR 8715.3 的 2.5.1 条款描述的系统安全技术方案中。当技术管理部门验证了此过程已经被实施和记录时，才可以考虑给出本条要求是否得到满足的结论。

2.2.4　安全与任务保证计划。在 SRR 之前，在适人性认证包内，依据 NPR 8715.3《NASA 通用安全要求》1.5.2 条款，项目负责人应总结安全与任务保证计划（该计划在 SDR、PDR、CDR、ORR 阶段更新）（要求 58380）。

阐释：可以形成一个单独的安全与任务保证计划，也可以与其他计划一起以组合的方式形成安全与任务保证计划。该计划可以从 HRCP 中独立出来。该计划的验证由技术管理部门实施，验证计划已经形成，并被正确地记录且被 HRCP 引用，验证的目的是证明计划满足要求。适人性认证关注整体安全与任务保证、健康和系统工程的关键要素。这些要素的有效实施取决于活动的框架和整合，这些活动包含在整体安全与任务保证计划当中。安全与任务保证计划中所有要素的实施和后续维持是建立适人性认证的必要依据。为了项目团队理解和执行计划，编制安全与任务保证计划文件是主要工作。该计划允许项目团队了解安全与任务保证计划的组成元素，同时了解这些元素的地位以及其间的相互作用，以及了解该计划和整体项目之间的相互关系。

2.2.5　适用标准。项目负责人应运用以下标准：

a. NASA－STD－3001《航天飞行人-系统标准》第 1 卷：《乘员健康》。

b. NASA－STD－3001《航天飞行人-系统标准》第 2 卷：《人因、适居性与环境健康》。

c. FAA HFDS《人因设计标准》。

d. MIL－STD－1472，《国防部设计标准——人体工程》（要求 58389）

阐释：这里列出的标准是安全与任务保证计划指定的适用标准。这些适用标准包括人-系统整合标准（载人航天系统的独特标准）和其他技术管理部门认为需要强制执行的标准。应强制执行人-系统整合标准。适用标准的例外、调整（改变后即仍能满足要求或超出要求）及豁免需要由技术管理部门批准（见 2.2.2 条款）。在所有的情况下，标准的运用处于技术管理部门控制之下（参见 2.2.6 条款）。请参考 NASA 政策文件 NPD 8070.6 的技术标准部分。

2.2.6 技术管理部门授权的其他标准。依据本 NPR 文件 1.4 条款，在 SRR 阶段，项目负责人应在 HRCP 中记录由技术管理部门规定的项目级附加标准清单（要求 58390）。

阐释：本条要求的目的是确保项目已经在早期系统开发阶段就确定和应用了必要的标准。技术管理部门可以规定强制执行的标准，或者需要应用标准的专项领域，后者通过其他的 NASA 指令性文件或以书面下达给项目的专题文件形式体现。在所有的情况下，由项目所起草的标准由技术管理部门批准，标准的应用处于技术管理部门控制之下。请参考 NPD 8070.6 中的技术标准部分。

2.2.7 总结适用标准的例外、调整和豁免。在 SRR 阶段，针对 2.2.5 条款列出适用标准清单的例外、调整和豁免情况，项目负责人应在 HRCP 中及时给予总结，并提供包含例外、调整和豁免的项目文件（在 SDR、PDR、CDR 和 ORR 阶段，文件需要更新）（要求 58392）。

阐释：本条要求的目的是对适用标准的豁免和例外的影响实施总体评价。在总结中，项目和技术管理部门需要确定那些足够重要、必须执行的标准，这些标准不能运用豁免和例外。

2.2.8 技术管理部门规定的其他标准豁免和例外的总结。在 SRR 阶段，在 2.2.6 条款中的那些对适人性评价来说非常重要的标准，其豁免和例外情况，项目负责人应在 HRCP 中及时给予总结，并提供包含例外和豁免的项目文件（在 SDR、PDR、CDR 和 ORR 阶段，文件需要更新）（要求 58394）。

阐释：本条要求的目的是：使用适人性评价适用标准的豁免和例外时，对需要开展适人性评价的特定系统造成的影响实施总体评价。在总结中，项目和技术管理部门需要确定那些与适人性评价密切相关的重要的豁免和例外。HRCP 中不记录个别的豁免和例外，但出于评审的需要，项目应提供获得实际豁免和例外的位置和接口。

2.3 系统设计

2.3.1 基准任务。在 SRR 阶段，项目负责人应在 HRCP 中描述并记录有关基准任务、载人航天系统及其与其他系统的功能接口，上述内容应被适人性认证所认可（要求 58397）。

阐释：这可以利用基准任务（适用于航天器）或等效参考任务（适用于星球表面居住和机动系统）来完成。通过确定基准任务，建立需要实施适人性项目的范围；在其他方面，通过确定基准任务，也提供了一个支持识别人员生存策略和确立开展危险分析和风险评估工况的框架。基准任务也确定了在功能上与载人航天系统存在相互作用的其他系统的接口，如任务控制中心。

2.3.2 识别在乘员生存方面的系统能力。在SDR阶段，项目负责人应在HRCP中记录基准任务各个阶段中的生存策略和系统执行对应生存策略的能力要求（在PDR、CDR和ORR阶段更新）（要求58399）。

阐释：通过运用基准任务建立的基础和框架，工程项目可以确立操作工况，并建立用于提高乘员生存的策略文件。在任务中包含与维持乘员安全返回的诸项能力是适人性的基本原则。上面所提工况应包括系统故障和紧急情况（如火灾、碰撞、有害气体、大气压力降低和紧急医疗事件），并且这些工况具备保护乘员的特殊功能（如中止、安全庇护所、救援、紧急逃生口、紧急系统、急救设备或急救医疗）。一些特定的功能，如逃逸飞行，在本NPR第3章的技术要求中授权。这条要求的目的是使得项目识别额外的、能增强乘员生存的专门设计能力。

此外，项目应描述在具体工况中将如何维持生存能力。广泛的策略和过程不仅用于开发基准任务，还可以用于开发具体的工况应对策略。在项目内，这些策略和过程有助于把乘员生存能力当作设计过程中的一个综合因素，并形成以乘员生存能力为中心的设计。所有这些来自于工况自身、假设、分析和设计决策的持续探求（和相关思考），其都是成功实施适人性认证的必备条件。

2.3.3 要以文件形式确定发挥乘员作用的设计理念。在SRR阶段，项目负责人应在HRCP中记录设计理念，遵循该理念开发航天系统，确保系统可充分发挥乘员能力来执行基准任务、预防发生逃逸飞行、防止发生灾难性事件（要求58401）。

阐释：通过乘员与航天系统整合并发挥好乘员作用来提高安全性和确保任务成功，便构成了适人性评价定义中的第二个原则。在航天系统实际研制过程中，建立并以文件形式明确发挥乘员作用的设计理念是重要的一步。当发生意外情况或出现故障时，乘员对系统的控制能力可以用于防止发生灾难性事件和逃逸飞行事件。

2.3.4 融合乘员能力的系统设计。在SDR阶段，项目负责人应在HRCP中描述并记录实现生存能力的过程，生存能力的定义参见2.3.2条款的要求，该条款还提供了明确的、直至最顶层项目文件的可追溯性（在PDR和CDR阶段进行更新和评审）（要求58403）。

阐释：在SDR阶段，如果设计尚未确定，则需要描述实现设计的情况，包括权衡分析和研究过程的描述，该过程用于确定如何实现设计。在PDR和CDR阶段，实现能力的设计要更加详细地描述可追溯性，直至项目文件的最顶层要求。

2.3.5 技术要求的实现。在SRR阶段，项目负责人应在HRCP中描述并记录本NPR文件第3章适用要求的实现情况，并提供明确的直至最顶层项目文件的可追溯性（在SDR、PDR和CDR阶段，需要更新和评审）（要求58405）。

阐释：在SRR阶段，如果设计尚未确定，则需要描述实现设计的情况，包括权衡分析和研究过程的描述，该过程用于确定如何实现设计。在 SDR、PDR 和 CDR 阶段，实现需求的设计要更加详细地描述可追溯性，直至项目文件的最顶层要求。描述实现故障容错要求的情况包含关键系统、子系统两个层次和类型的冗余阐释。

2.3.6　安全目标和阈值的分配。在 SRR，项目负责人应当给出 HRCP 中的安全概率要求，该要求来源于 NASA 顶层的安全目标和安全阈值，包括任何分配到任务阶段和系统元素中的安全要求（在 PDR 和 CDR 更新的内容）（要求）。

阐释：顶级配置的安全概率要求，记录在 HRCP 中，它允许对比产生的风险评估，并作为设计和安全分析的一部分。建立在项目早期阶段的安全要求分配，被视为基础的安全概率要求并可能随着设计的成熟而更新。

2.3.7　设计与安全分析的整合。

2.3.7.1　项目负责人应当整合设计与安全分析，以确定以下内容：

注：本 NPR 明确项目有责任采取措施减少风险，如故障容错。项目通过整合安全分析与设计，同时基于对个人风险贡献以及乘员总风险水平的理解，作出降低风险或故障容错的决定。如上所述，依据 2.2.3 条款要求的基本阐释，采用本 NPR 定义的安全分析，结合现有的分析技术，如危险分析、故障树分析、故障模式和影响分析、损坏模式和影响分析、关键项目列表，以及基于场景的概率风险分析和仿真建模技术就可以开展相关工作。设计与安全分析的整合包括积极和迭代地应用这些技术，全面利用分析结果进行设计决策。在全系统的层面综合分析，以前后一致的方式完成整个项目。这意味着，分析技术如危险分析、故障模式和影响分析以及概率风险分析不能孤立地进行，这些分析应该保持相互兼容。对结果进行评估和排序，结合安全概率要求，可决定运用有关安全强化措施，如必要的容错级别、效费比、飞行终止准则和机组人员的生存能力。在主要评审里程碑，设计和安全分析过程结果正式提交给技术管理部门和机组人员的主要代表等利益相关者。它的目的是：通过利益相关者不间断地参考分析和设计讨论，以帮助他们质疑设计决策，并识别危险和找到更安全的替代方案。

a. 给出的重大风险因素列表，应涵盖乘员易受到的全部风险的绝大多数情况（要求）。

阐释：对事故场景或事故场景类别按风险大小进行排序，有助于识别重要风险因素，这些因素代表了乘员受到的绝大多数的风险。排序是基于对乘员的风险评估和对危害控制、乘员生存能力和其他风险降低措施进行考量的。

b. 采取适当的风险控制和风险缓解措施减小乘员风险，包括对航天系统灾难性事件的容错水平和实现（要求 58413）。

阐释：这个要求参见 3.2.3 条款和 3.2.4 条款。

c. 给出在动态飞行阶段，不同的冗余、备份系统或者终止功能不可用的详细解释，这可以限制灾难性事件或乘员损失。

阐释：这些要求的目的是，确保项目分析考虑了不同的冗余和备份系统的好处。具体的重点是放在动态飞行阶段，在该阶段无法实施逃逸飞行，如再入地球和月球上升段（除了可能在月球轨道实施逃逸飞行），因为在动态飞行阶段发生多个故障或共因失效故障是不可原谅的。系统处理故障/重构的时间非常有限，并且关键能力损失的“时间效应”往往很短。

d. 给出高风险事故在时间约束和条件下，乘员生存能力的有效性及其对乘员风险的影响（要求）。

阐释：评估乘员生存设计和操作能力及局限性（功能、性能、可靠性、可用性、自主性、反应、激活特性，以及是否需要人机交互的设计），这将被用来确定在预防控制失败之后系统在预期条件和时间限制下的有效性，以及对乘员风险的影响。评估可以定性或定量，且优先考虑基于风险的与事故相关情况。至少，定量（概率）评估乘员生存能力可以显著减少乘员所遇风险的危害。

e. 根据可接受的安全概率分析协议以及地面和飞行测试数据支持的证据，通过分析来确定乘员风险水平及相关的不确定性（要求）。

阐释：这个要求参见 3.2.2 条款，它需要满足系统应具有高度确定性的安全概率要求。至少需要确定系统风险和任何阶段的风险或系统元素分配的风险。适当确定其他风险的贡献，以识别重要的风险因素和决定减少风险的措施，如容错。

注：支持风险评估的证据类型，一般包括设计信息和功能配置、性能分析、成功标准、其他安全性和可靠性分析，以及地面试验、飞行试验和操作可靠性性能数据。

2.3.7.2　在 SDR，项目负责人应按照 2.3.7.1 条款的要求（在 CDR、PDR 和 ORR 更新和评审），基于设计和安全分析的结果，在 HRCP 中提出对当前风险和不确定性的理解以及与系统设计和测试应用相关的决策。

阐释：在里程碑评审中，技术管理部门确认本条要求的符合程度。作为里程碑评审的一部分，关于满足本要求情况的讨论列入例行调度讨论中，由技术管理部门和评审委员会参加。为了消除危险、控制危险触发事件及/或控制导致危险的条件，减轻造成危险的影响，在项目设计中反复使用安全分析技术。我们的目的不是要跟踪所有的决策，也不是要给出影响这些决策的评价情况，而是对如何实施分析进行归纳总结。有效性工具，如危险分析、故障模式和影响分析、损坏模式和影响分析、关键项目清单、故障树和 PRA，以信息/数据为基础，在设计活动中进行综合运用。NPR 8715.3《NASA 通用安全要求》和 NPR 8705.5《NASA 计划和项目安全和任务成功技术概率风险评价（PRA）程序》定义了关于模型、评估技术和过程（包括减少危害的优先次序）的具体实现要求，这些模型和技术与本条要求有关，并被应用于本条要求的实现过程。这里的演示展示了在检查中如何使用这些工具：检查不同设计方案，识别相关设计方案中的主要不确定性（例如，系统性能的不确定性、人员能力及理解的不确定性），在分析和设计过程中树立信心，确定重点测试的范围，并在审议中做出决策。既然任何建模或分析的过程都是设计的抽象（使用假设，限制工况建模，并利用项目专用和通用数据），那么与分析结果得到的最终数字相比，严格使用协商确定的阈值以及维护/挑战设计方案具有更重要的意义。SDR、PDR 和 CDR 是关键里程碑，在这些阶段，要求、架构和设计得到开发和固化。有关技术的运用及其结果的展示与讨论也是需要的。根据 NPR 8715.3 标准 2.8.2 条款的描述，这些信息可以作为安全分析报告的一部分记录在案。参见 NPR 8715.3《NASA 通用安全要求》2.8.2 条款。

2.3.8 人-系统整合团队。进入 SRR 阶段之前，项目负责人应建立人-系统整合团队，包括航天员、任务操作人员、培训人员、地面处理人员、人因人员和人体工程学专家，明确权限和责任，引导载人航天系统的人-系统（硬件和软件）整合工作（要求 58419）。

阐释：航天飞机和军用飞机座舱开发的经验表明，在座舱设计与人整合问题上，当人-系统整合团队配备合理，具备相应权力、责任和问责制度时，在时间和预算限制之内可以实现最好的系统。该团队致力于解决所有可能导致灾难性失效的人-系统接口（乘员、发射控制和地面处置）。

2.3.9 评价乘员工作负荷。在 SRR 阶段，项目负责人应在 HRCP 中记录并说明如何完成基准任务中乘员工作负荷的评价工作（在 PDR 和 CDR 阶段更新和评审）（要求 58421）。

阐释：系统设计对乘员工作负荷和乘员效率有着显著影响。把人放到系统内的整合策略是适人性评价的基本原则。了解系统设计如何影响乘员工作负荷是整合过程的一部分。另外，如果飞行任务期间工作负荷太高，乘员疲劳就会影响安全。人们期望由人-系统整合团队负责乘员工作负荷评价。乘员工作负荷评价要求建立项目自身的评价标准。

2.3.10 人在回路的整合评价。

2.3.10.1 项目负责人在涉及人的绩效的关键系统、子系统中，应当为人-系统接口和人-系统效能整合试验而组织实施人在回路可用性评价，在评价过程中采用人的绩效标准（要求 58423）。

2.3.10.2 在 PDR 和 CDR 阶段，项目负责人应在 HRCP 中总结人-系统接口可用性评价和人-系统效能整合评价结果（到目前为止）是如何影响系统设计的，并提供获得详细的评价计划和结果的途径（要求 58424）。

2.3.10.3 在 ORR 阶段，针对人-系统效能整合试验结果是如何验证系统设计的具体情况，项目负责人应在 HRCP 中及时总结，并提供获得详细的评价计划和结果的途径（要求 58425）。

阐释：人们期望该试验将由人-系统整合团队组织实施。尽管在要求中没有具体描述，进行可用性和人-系统的效能试验仍需要制定相应的试验标准。本条要求的目的是要有计划地逐步证明操作概念满足操作安全性、效率和用户界面设计的系统要求。试验数据用于确认在模拟飞行器和任务操作环境中，航天系统硬件、软件及操作人员的整合性能。为了证明操作概念能满足要求，试验和分析是标准方法。当分析不可用时，需要实施包括飞行关键系统、航天器和地面模拟器任务级操作的定量、客观的人在回路的试验。此外，整合的试验数据中必须补充人-系统接口可用性评估数据。关于满足本条要求的讨论，作为评审里程碑的组成部分，有必要正式列入计划，并由技术管理部门和评审委员会参加审核。

2.3.11 人误分析。项目负责人应当组织实施包括系统故障响应计划在内的所有任务阶段的人误分析（要求 58430）。

2.3.11.1 在PDR、CDR和ORR阶段，项目负责人要在HRCP中及时总结并提供人误分析（到目前为止），主要用于以下几个方面：

a. 对于那些可能是由人失误造成的危险，理解并管理其中存在的潜在的、灾难性的危险（要求58432）。

b. 了解系统设计中的相关风险和不确定性（要求48433）。

c. 影响决策的系统设计、操作使用和应用试验（要求58434）。

阐释：参加人误分析（HEA）的受训人员，需作为人-系统整合团队的一部分来完成这个分析。其主旨是：为了做出设计决策，人误分析［危险识别、分析（包括过程故障模式和影响分析）和人类行为建模］需要反复迭代。HEA的有效性依赖于其在设计活动、产品换代、产品改进、操作-风险权衡中的综合运用。人误分析涵盖航天系统的所有操作任务，包括控制中心的操作。本条人误分析要求的目的是使工程项目：1）识别导致灾难性事件的操作者无意识操作，并确定容错水平；2）识别会导致灾难性事件其他类型的人为错误；3）运用适当的错误管理方法（依据2.3.12条款）。这种人误分析范围包括系统故障和异常工况的响应。作为里程碑评审的组成部分，关于满足本条要求的讨论，有必要正式列入计划，并由技术管理部门和评审委员会参加审核。

2.3.12 项目负责人应按以下优先级设计系统及管理人因失误：

a. 以防止系统操控中发生人因失误为目的的系统设计。

b. 以减少人因失误的可能性为目的的系统设计，提供用于检测和纠正或从错误中恢复的人员能力。

c. 以限制失误产生的负面影响为目的的系统设计（要求58444）。

2.4 验证和确认系统功能和性能

2.4.1 验证和确认技术要求的实现。在SRR、SDR、PDR和CDR阶段，作为HRCP的组成部分，项目负责人应以文件形式确定验证和确认第3章技术要求的实现方法（包括说明）（要求58446）。

阐释：这与2.3.5条款认证要求有联系。从适人性评价角度来看，重要的是要了解如何确认第3章中要求的实现，这种确认仅通过对要求的验证是不够的。

2.4.2 验证和确认生存能力。在CDR阶段，作为HRCP的一部分，项目负责人应以文件形式明确验证和确认2.3.4条款中包含的生存能力的实现方法（包括说明）（要求58448）。

阐释：本条要求与2.3.4条款认证要求有联系。这些由项目识别出来的功能对于基准任务和系统来说是独有的。

2.4.3 关键系统和子系统的性能验证和确认。在CDR阶段，作为HRCP一部分，项目负责人应记录验证和确认关键系统和子系统性能的方法（包括说明）（要求58450）。

阐释：本条要求的目的是让工程项目证明关键（子）系统正常发挥功能，这种证明可能会、也可能不会被单独要求。为了发现超出预期的相互作用和在设计过程中具备运用验证和确认的能力，试验应能提供最后的防线和机会。公认原则是“怎么飞就怎么试（验）”。“怎么飞就怎么试”的方法覆盖了正常和非正常工况。事实上，在预计的安全性和鲁棒性控制下，这种方法保证了系统能成功完成任务。已有共识表明，试验不可能涵盖所有类型的系统，并且试验应与分析等其他方法相结合。因此，本条要求的第二个目的是使项目在“怎么飞就怎么试”方法不能或不应该使用时，对已经完成的验证的描述应足以覆盖预计飞行环境，足以覆盖那些展示关键（子）系统功能、性能和设计余地的系列操作。对关键系统和子系统性能是否满足本要求进行验证、确认工作计划和程序，需要加以详细总结，在总结中应提供详细的计划和程序，它们是验证和确认活动的完整资料。

2.4.4 关键系统和子系统的整合验证和确认。在 CDR 阶段，作为 HRCP 的一部分，项目负责人应在系统整合层次上以文件形式明确如何验证和确认关键系统和子系统性能，以确保（子）系统的相互作用不会造成灾难性危险（包括说明）（要求 58452）。

阐释：本要求的目的是让工程项目证明整合环境下的关键（子）系统实际上能正常发挥功能，且（子）系统相互作用不会导致灾难性危险。试验提供了一个机会去发现预想之外的相互作用，并允许对项目设计期中使用的模型进行验证和确认。公认原则是“怎么飞就怎么试”，该方法覆盖了正常和非正常工况。事实上，在预计的安全性和鲁棒性控制下，这种方法保证了系统能成功完成任务。已有共识表明，试验不可能涵盖所有类型的系统，并且试验应与分析等方法相结合。因此，本条要求的第二个目的是当项目在“怎么飞就怎么试”方法不能或不应该使用时，对已经完成的验证的描述应足以覆盖预计飞行环境，足以覆盖那些证明关键（子）系统功能、性能和设计余地的系列操作。

2.4.5 关键软件性能的验证与确认。

2.4.5.1 在 CDR 阶段，作为 HRCP 的一部分，项目负责人应以文件形式来明确如何验证和确认所有重要软件的性能、防护和安全性。这些软件遍布于整个操作包络（或飞行包络），包括任务功能、模式和转换（包括说明）（要求 58455）。

2.4.5.2 在 CDR 阶段，作为 HRCP 的一部分，项目负责人还应记录所附加的偏离正常工况、紧急工况和应急测试（故障注入）情况下，验证和确认的所有关键软件性能、防护和安全性的方法（包括说明）（要求 58456）。

阐释：这些要求的目的是使工程项目建立一种能充分描述验证和确认的方法，包括测试环境的高逼真度和应急测试的程度。关键任务软件，可能包括飞行和地面软件，应利用具有最高仿真度的闭环测试环境开展试验。例如，当飞行等效测试平台不可用时，工程项目需要提供替代方法的基本描述和策略。

2.4.6 系统设计的验证和确认的结果。依据 2.4.1 条款和 2.4.2 条款的要求，在 ORR 阶段，作为 HRCP 的一部分，项目负责人要及时总结验证和确认的结果，同时给出获得详细结果的途径（要求 58458）。

2.4.7 关键系统和子系统的性能验证与确认。依据 2.4.3 条款和 2.4.4 条款的要求，在 ORR 阶段，作为 HRCP 的一部分，项目负责人应及时总结并给出关键系统和子系统的验证和确认的结果，同时给出获得详细结果的途径（要求 58459）。

2.4.8 软件验证和确认的结果。依据 2.4.5 条款要求，在 ORR 阶段，作为 HRCP 的一部分，项目负责人应及时总结并给出关键软件测试的结果，同时给出获得详细结果的途径（要求 58460）。

2.4.9 确认乘员工作负荷。在 ORR 阶段，项目负责人应在 HRCP 中说明如何确认乘员工作负荷，并要明确其对基准任务的可接受程度（要求 58461）。

2.4.10 更新安全模型以支持系统的确认。

在 ORR 阶段，基于确认/验证试验的结果，在 2.2.3 条款中与乘员丧生有关的安全分析更新后，项目负责人应说明更新情况；在试验没有完成时，项目负责人应说明如何利用安全分析支持设计的确认/验证（要求 58462）。

阐释：在 OOR 阶段，本条要求由技术管理部门验证。为了传递信息，有必要组织正式的由技术管理部门和评审委员会参加的讨论。当工程项目准备系统验收时，有必要全面评估系统能力。在 2.2.3 条款和 2.3.7 条款中定义过的整体安全分析中的、与整体安全和任务保证框架有关的系统能力需要进行评审。只有从整体角度看待这些问题，才能减少导致不可控或无法识别的不确定性，获取适人性认证的关键点的结果的可信度。当然，尽管试验是进行验证和确认设计的首选方法，但仍会有不能进行试验的情况。本条要求的目的是给出不能进行试验时用于支持验证和确认的工具和分析方法。

2.5 系统飞行试验

2.5.1 建立飞行试验计划。在 SDR 阶段，作为 HRCP 的一部分，项目负责人应记录飞行试验计划，包括将要执行的飞行试验的类型和数量（要求 58466）。

阐释：因为飞行试验通常是工程项目和预算规划的主要因素，所以在开发过程的早期对飞行试验计划进行高规格评审非常重要。工程项目可以在更早期的里程碑中提出飞行试验计划。

2.5.2 在 PDR 阶段，项目负责人应更新 HRCP 中记录的飞行试验计划，包括与具体项目的要求相关联的飞行试验目标，这些试验目标是需要通过飞行试验进行验证的（在 CDR 阶段更新和评审）（要求 58468）。

阐释：1）飞行试验计划提供了两个重要的功能。第一，飞行试验计划要利用试验来验证航天系统硬件、软件的整合性能，同时对于载人飞行试验而言，还包括对实际飞行环境中的乘员的验证。第二，飞行试验计划利用试验来验证分析模型，该模型是所有其他分析的基础，包括用于定义那些不希望在正常飞行时所达到的运行边界的分析。2）需要飞行和地面试验来确保分析模型所用数据，分析模型可用于预测在操作包络边缘处航天系统的性能和预计关键设计参数的边界值。3）为了减少试飞员的风险，载人飞行试验之前首先选择进行无人飞行试验。已有共识认为，载人飞行试验并非对所有飞行阶段都可行，而且对某些系统来说，其也不是必须进行的。

2.5.3　飞行试验结果。在 ORR 阶段，作为 HRCP 的一部分，项目负责人要及时总结到目前为止飞行计划情况和每个试验目标的飞行试验的结果，同时提供获得详细结果的途径（要求 58473）。

阐释：飞行试验计划可能会迫使系统进行修正或改变。至关重要的是，任何变化都要被充分理解，并经过适当的验证和确认。

2.5.4　载人飞行试验。依据 2.6.3 条款，在载人飞行试验之前，项目负责人应取得临时适人性认证证书（要求 58473）。

阐释：过去的经验表明，任何一次航天任务都应该被视为一次试验飞行，本条要求把早期的载人任务定义为飞行试验。对于这些任务，项目可能需要有一个试验准备评审来代替飞行或任务准备评审。鉴于临时适人性认证的目的，可以认为其是等效评审。当 HRCP 的内容不完备时，则在批准试飞前进行评审。对于临时认证，基准任务反映了飞行试验剖面（在试验计划中表示）而不是常规的具体任务。

2.6　认证和运行适人性系统

2.6.1　维护系统和系统的配置控制。在 ORR 阶段，作为 HRCP 的一部分，项目负责人应提供配置管理与维护计划，在包含系统报废的生命周期范围内，在该计划中应记录确保航天系统保持“已经认证”条件的过程（要求 58478）。

阐释：当配置或操作发生变化，需要适人性再评价时，此计划用来定义系统保持适人性评价现状的方法。记录的过程可包括（但不限于）原材料选择标准和控制、制造、检验、验收测试、审核、维修过程。

2.6.2　数据收集、管理和分析。在 ORR 阶段，作为 HRCP 的一部分，项目负责人应提供数据收集、管理、分析计划，此计划记录了确保航天系统合适数据被收集、存储和分析的过程，这些活动贯穿于其生命周期内，支持每个任务的风险分析（要求 58480）。

阐释：这些数据和过程可以包括（但不限于）关键部件故障时间、运行记录（运行时间和指令）、用于验证设计参数的与热和结构相关的数据、测试数据、更新的环境模型、维修时间、验收测试和维护过程。

2.6.3　系统认证。在第一次载人飞行之前，项目负责人应获得适人性认证证书，该证书由作为适人性认证最高权威的 NASA 局长，专门为基于基准任务（或试验）的载人航天系统颁发（要求 58483）。

阐释：具体管理过程在本 NPR 文件第 1 章详细描述。认证申请将指定认证期限，申请表格式见附录 F。

2.6.4　系统的变更评价。

2.6.4.1　适人性认证后，项目负责人、JSC 主任及技术管理部门领导，将联合评价航天系统的设计变更、制造（或翻新）过程的变更及试验变更。

2.6.4.2　如果项目负责人、任何技术管理部门领导或 JSC 主任确定有必要重新评估，则项目负责人应提交适人性评价再认证申请，并给出已修订过的 HRCP。该申请提交给作为适人性评价最高权威的 NASA 局长（要求 58486）。

阐释：当存在设计变更、制造（或翻新）过程变更或验收试验变更时，则需要重新进行适人性认证。在某些情况下，技术管理部门领导和 JSC 主任可以决定哪些变更不影响认证。在这种情况下，应记录这些不影响认证的变更，并在适当的飞行层次上进行验证。主要硬件/软件要求的变更，设计变更，重大修改，过程变更，影响形式、配合、性能、时间的试验变更，功能变更，结构完整性变更，系统结构寿命变更应在重新认证过程中进行评价。再认证应在下一次飞行/任务准备评审之前完成。

2.6.5　系统运行的认证。作为每次飞行或任务准备评审的一部分，项目负责人应检查适人性认证，包括以下方面：

a. 配置管理和维护计划符合性（要求 58490）。

b. 对于已经过适人性评价的系统验证其是否将在已得到证明的基准任务范围内运行（要求 48491）。

c. 以前飞行/任务中影响适人性认证的那些异常现象及其解决办法（要求 58492）。

d. 设计变更、制造（或翻新）过程的变更和试验变更，这些变更被视作工程项目安全要求升级和改进计划的一部分，预测其对乘员风险的影响（要求）。

阐释：航天飞行系统的适人性评价是嵌入在工程项目从研发到运行的整个生命周期中的。适人性认证的应用是工程项目评审过程的一部分，包括项目评审委员会和飞行准备评审。然而，比认证或其过程更重要的是，适人性评价是一种理念，它使项目/设计团队的每个成员不断努力以减少不确定性、降低风险，并为完成任务而设计/制造/测试/操作最安全实用的系统。通过运用异常的、实际操作的、飞行中的性能数据更新系统分析模型，以准确反映未来任务的相关风险，是这种评价努力的一部分。

第 3 章 适人性技术要求

3.1 概 述

3.1.1 本章中的技术要求用于确定三个主要方面的能力：

a. 系统安全；

b. 系统的乘员/人对系统的控制；

c. 乘员的生存/逃逸。

3.1.2 如前所述，上述要求并未涵盖适人性要求的全部内容。并不意味着仅满足这些要求就能保证载人任务的安全性，这些技术要求只是为项目负责人提供基础能力，据此项目负责人针对每个基准任务能够识别和整合其他方面的专业能力（见 2.3.2 条款）。

此外，要求设计团队解决问题时必须考虑这些要求。设计团队应该评估这些技术要求的目的，并用他们的聪明才智研发最安全实用的系统，且在官方批准的安全目标和阈值（定义了长期目标和最小可接受的安全水平或最大可接受的风险水平）直接或间接的指导下，在系统设计约束内完成任务。随着历史经验、传统解决方案、专家意见和最佳实践的积累，技术要求本身能与实施者初衷理解达成一致。

3.1.3 技术要求按章节规定了适用的任务阶段和适用的系统类型。术语“航天系统”（其定义见附录 A）包括载人航天系统以及在任务中所有与其功能交互的天基和地基系统。

3.2 系统安全要求

3.2.1 航天系统应为乘员提供一个保证安全而且适合居住的环境的能力（要求 58503）。

阐释：在空间危险环境或行星表面有害环境中对乘员进行保护是其生存的首要条件。同时，航天系统的设计本身就应具有保证安全或降低风险的基本特性（例如，无外在锋利边缘，无外在高温表面）。本要求包括了对已知环境的防护，如空间辐射危害和月球尘埃的防护。提供宜居环境也是乘员和航天系统整合的基础。为了利于乘员安全执行任务，其基本的居住需求应该得到满足。

3.2.2 航天系统应当满足安全概率标准，该标准来源于 NASA 顶层的安全目标和安全阈值，具有一定程度的确定性（要求）。

阐释：安全概率分析方法为安全设计选项之间的比较提供了一个依据（见 2.3.7.1 条款）。安全概率要求是根据 1.4.6 条款中建立的安全指标标准（如乘员丧生概率）进行定义的。此分析必须考虑计算值的不确定性和符合相应概率标准的确定性。所需要的确定性程度，被指定为安全概率要求的一部分。即使这些指标是根据可接受的分析协议来确定的（也是认证过的），然而作为一种分析工具，安全概率分析方法依赖于假设并受限于不确定性。因此，这种安全指标的计算值本身并不足以保证系统是安全的，符合概率要求只能表示系统提供了一个可接受的安全水平。

3.2.3 航天系统应提供灾难性事件的故障容错，由整合设计和安全分析（依据2.3.7.1条款）确定具体故障容错水平和实现方法（类似或不同的冗余）（要求）。

a. 主要结构的失效、压力容器的器壁结构破坏和加压管路故障被排除在容错要求之外，假定上述潜在的灾难性故障已经处于受控状态，并落实了已被批准的标准和设计余量，故没有必要设置故障容错。

b. 不能被控制的其他潜在灾难性危险，也被技术管理部门排除在容错要求之外，假定这些具体过程的潜在灾难性故障已经处于受控状态，并落实了已被批准的标准和设计余量，故没有必要设置故障容错。

阐释：在给定约束下完成项目任务的基础上，提供最安全的设计是我们的总体目标。因为航天系统开发有质量、体积、计划和成本的约束，选择在哪里和如何运用故障容错需要在系统级层次进行安全性和任务风险的整合评价。最重要的是，故障容错应在系统整体水平上运用，即包含系统所有功能。既然故障容错可用于描述最低可接受冗余度，它也可以用于描述两个类似的、完全不同的、互相支持的或存在功能关系的系统，尽管存在潜在故障风险或附加要求，这样的系统确保了最低可接受的系统性能，可以抵消故障的影响。当在系统级层次上开展故障容错评价时，随着故障容错水平的增加，故障容错设计中不断增长的复杂性和对系统资源的额外使用（如质量、电源）会给整体系统安全性带来负面影响。在系统设计中，（相同或不同的）冗余度级别和类型不仅很重要，而且常伴争议。由于冗余本身不会使系统更安全，因此工程和安全团队的责任是在给定任务需求和限制条件下，确定最安全实用的系统设计。在这样的设计中，来自个别因素（如危险或失效模式）的风险和基准任务的整体风险都在可接受水平以下。单独的冗余度并不符合要求意图。

当意外情况引起关键系统故障时，为防止系统整体损失的同类冗余可能无效。如果条件容许拥有足够多、互相独立的冗余时，不同类型的冗余则会非常有效。（例如，当共用一个电路的多冗余电源发生电路断路时，并不能恢复电源故障）。希望航天系统的性能以可预见的方式下降，这样就允许有充分的时间来实施故障检测，如果可能，系统甚至能在多个故障情况下恢复。

在当前的航天系统中，就有不同冗余类型的实例。在再入阶段，联盟号飞船在主姿控系统失效时具有备份弹道再入模式，同时还配备备用着陆降落伞。其他的例子包括关键系统的备用电池和在再入期间座舱失压时穿着压力服。

工程项目和技术管理部门就故障工况/模式进行评价并取得一致，确定故障容错的适当水平，使用不同冗余或系统备份来保护共因失效故障。

在故障容错并非是控制危险的恰当方法时，需要采用的具体措施有：1）识别危险控制的重要性；2）保证设计的鲁棒性；3）确保足够多的注意力/关注用于该项目的设计、制造、试验、分析和检验。在设计方面，除了运用明确批准的标准，还包括识别能够减少失效模式发生概率的具体设计特征，如严格安全因素或其他设计余量的应用。在制造方面，措施可包括建立特殊过程的管控和记录、特殊处理机制，并强调在制造过程中所涉及事项的重要性。在试验方面，措施可包括加速寿命试验、“领导亲历”（fleet leader）的试验计划、用于理解失效模式的试验或其他可增强信心和余量的试验。在分析（代替试验）方面，措施可以包括与实际配置相关联的试验数据的收集、管理、分析，这些数据可用于分析（trending）故障趋势、验证乘员要求是否满足、评价飞行异常等。在检验方面，措施可以包括识别适用于某项目的特定检验标准，或为了检验项目的重要特征应执行的政府强制检验点（Government Mandatory Inspection Points）。这种风险控制的方法运用了现有标准或经技术管理部门批准的标准，达到对与硬件物理性质相关的危险的控制的目的，并通过运用对环境余量或受环境影响的系统属性余量进行设计这种典型方法实现危险控制。被技术管理部门认可的这些方法避免了忽视危险，忽视危险是因为存在着众多危险源，而对那些危险源来说，故障容错并不是恰当的方法。这些危险源包括但不限于：电磁干扰、辐射、微流星体轨道碎片、结构失效、压力容器失效和飞行气动热壳变形等。

3.2.4　航天系统在不使用应急设备和系统的情况下应提供 3.2.3 条款规定的故障容错能力（要求 58557）。

阐释：应急系统和设备，如消防系统、灭火器及应急呼吸面罩、发射/再入压力服和专门用于发射逃逸的系统，不应该被认为是故障容错能力的一部分，其原因是这些应急系统和设备不能保证防止灾难性事件的发生。以灭火器为例，大火可能失去控制地燃烧，其规模超过了灭火器的扑灭能力。在故障容错模式下，当第一道防线不能防止发生危险情况时，便使用应急系统减轻危险的影响。对灾难性事件，本要求（NPR）和 NPR 8715.3 给出了一致的定义，即包括乘员死亡和载人航天系统主要元件意外损失/破坏的事件，这种事件可能导致乘组或乘客的死亡或永久性残疾。逃逸用于防止发生灾难性事件，可以看作系统故障容错能力的一部分。然而，当逃逸被用于从灾难性事件中撤离人员（例如，上升段发生火箭爆炸时的逃逸）时，灾难性的事件并没有被阻止，对于灾难性事件来讲，逃逸系统（即使它可能拯救乘组和乘客）不能被视为故障容错的支柱。

3.2.5　航天系统应被设计为可以容忍操作者无意识行为（至少一个无意识的动作），该行为由人误分析确定（2.3.11 条款），其不会造成灾难性事件（要求 58559）。

阐释：操作者被定义为在执行任务过程中的任何一个可以给航天系统施加命令或与航天系统配合的个人，包括控制中心的人员。在 2.3.11 条款中给出了适当防护水平（即，一个、两个或两个以上的无意识动作）的描述，该防护水平通过整合人误分析和危险分析所确定。

3.2.6　当出现一个系统故障时，航天系统应能承受无意识操作行为，如 3.2.4 条款所述（要求 58561）。

阐释：本条要求的目的是提供一个高鲁棒性的人-系统接口设计，该设计不会因某一个系统故障而失效。对于希望能防护多个无意识操作行为的系统设计，在一个系统故障后其防护水平会下降，但还是应该对单个无意识操作行为提供防护。

3.2.7 航天系统应提供减少关键软件出现危险行为的能力，这种危险行为会导致发生灾难性事件（要求 58563）。

阐释：根据目前的软件标准，设计、开发和测试软件系统应能够：1）防止危险的软件行为。2）减少软件产生有害行为的可能性。3）减轻危险软件行为的负面影响。然而，对于复杂的软件系统，证明其没有危险行为非常困难。因此，如果存在危险行为，载人系统应能减缓这种危险行为。减缓策略取决于飞行阶段和“时间效应”的潜在危害。危险行为包括错误的软件输出或表现。

3.2.8 航天系统应提供对于影响关键系统、子系统、乘员健康等方面故障的检测和通报能力（要求 58569）。

阐释：故障的定义是不理想的系统状态。故障是一种实际出现的软硬件失效状态。术语“故障”的定义包括了“失效”，这是因为其包含了其他不良事件，如软件异常和操作异常。有必要提醒乘组那些影响关键功能的故障（不仅仅是失效）。

3.2.9 航天系统应提供分离故障、从故障中恢复的能力，这些会导致灾难性事件发生的故障须在系统开发阶段确定下来（要求 58572）。

阐释：这种能力并不意味着故障容错能力本身或故障容错能力的扩大。其目的是隔离故障和使系统从故障中恢复，系统设计（例如，重复字符串或系统隔离）使这种能力得以实现。同时，任何系统开发过程中确认的故障，应通过隔离、恢复得到排除。然而，我们认为不是所有会导致灾难性事件的故障，都可以被检测到，或为避免发生灾难性事件而被及时隔离。同样地，即使故障被检测到和被隔离，也无法保证系统设计能使之有效恢复。但是，这种情况下故障隔离应能防止发生灾难性事件。

3.2.10 航天系统应提供对于关键系统和子系统的健康及状态数据的利用的能力（包括系统性能数据），促进对任务期间及之后异常现象的分辨（要求 58574）。

阐释：任务期间，获得健康和状态数据是分辨异常状态的关键因素，这可以使人员能够免于执行逃逸操作或防止事态发展到灾难性的程度。分辨不同任务之间的异常同样重要。本条要求没有指定坠毁生存数据记录器，此由项目所决定，项目还决定利用哪些数据可以有效促进对异常现象的辨识。

3.2.11 对于系统和子系统的自主运行功能，载人航天系统应提出这样的能力要求：如果缺失此项能力，将导致灾难性事件的发生（要求 58576）。

阐释：这种能力意味着系统不依赖于与地球之间的通信（例如任务控制）来执行必须的、维持乘员生命的功能。

3.2.12 航天系统应为乘组人员提供很容易就能获得设备的能力，以及时参与到应对紧急情况和进行后续/恢复操作的作业中（要求 58578）。

阐释：一个典型例子：火灾应急时的灭火器是需要立即获得的设备。“随时获取”意味着，在不使用工具条件下，乘组人员能在规定时间内获得设备。“随时获取”的时间将取决于飞行阶段和危险效应时间。如果在某一个任务阶段需要设备，而此时航天员恰好着航天服时，“随时获取”状态也适用于着航天服的乘员。升压/复压操作时，污染清洁试剂盒就是这样一个需要“随时获取”设备的实例。

3.3 系统控制的通用要求（一般要求）

3.3.1 载人航天系统应为乘员提供监测、操作和控制系统及子系统的能力：

a. 有执行任务所必须的能力；

b. 有防止灾难性事件发生的能力；

c. 有防止发生中止飞行事件的能力（要求）。

阐释：这种能力直接源于适人性评价的定义。在此要求中，监测能力用以确定飞行器在哪里，外部条件是什么，以及正在采取的行动。监测能力有助于操作者建立情境意识，这种意识能提高操作人员的绩效，有助于完成任务。对具体的航天系统来说，需要分别确定各项功能的运行层次。具体地说，如果一个阀门或继电器可由计算机控制，那么同样的控制可以交给乘员去执行。但是，一个乘员大概不能操作用于测量进入发动机推进剂流量的阀门，而一个合并了多个阀动作来达到所需的最终状态（减少或增加推力）的节气门可以实现这项功能。此要求的上述三个条件都需要满足。第一个条件确认乘员能力表现能够满足执行任务目标，在这种情况下给乘员提供指定的能力。而这并不意味着给乘员提供执行所有任务元素的能力。为做决策，多种因素都考虑在其中，包括执行功能的能力、反应时间。第二和第三个条件承认，在许多工况下，乘员提高了系统性能，并且指定的能力使性能得以改进。

3.3.2 载人航天系统应为乘员提供手动接管（撤销）更高级别的软件控制/自动化（如自动逃逸初始化、配置更改和模式更改）的功能，当转换至系统手动控制时不至发生灾难性事件（要求 58586）。

阐释：实现乘员对载人航天系统的操控是特殊的必要功能。而这种能力源于 3.3.1 条款的内容，在本 NPR 文件中，最高级别的系统级软件控制和自动化的关键性质得到了特殊强调。因此，只要转换至手动控制可行，且不会造成灾难性事件，乘员应有能力控制系统级别的自动配置变更和模式变更，包括自动逃逸。项目和技术管理部门将在 HRCP 确认并记录这一要求的合理实现。

3.3.3 载人航天系统应提供远程监测、操作和控制系统及子系统的能力：

a. 有执行任务的必要远程监控能力；

b. 有防止灾难性事件发生的远程监控能力；

c. 有防止发生中止飞行事件的远程监控能力（要求 58598）。

阐释：这种能力将有可能利用地球上的任务控制中心来实现。从逻辑上讲，很多时候乘员无法监视、操作和控制系统。如果作为基准任务的一部分，乘员要离开系统的一个单元或转移到另一个适人性系统时，则乘员要具有监视无人值守单元的能力。在一些情况下，乘组人员会在新的地点执行此功能。在其他情况下，任务控制中心可以执行此功能。

这种能力不是意图要对系统所有部分的通信覆盖率达到100%。通信网络覆盖计划执行此能力以满足上面三个条件。

对于EVA服装，这种能力并不意味着需要在EVA活动（任务）中不断监测EVA服装。如果服装断电存放，定期检查就足够了。

3.4 系统控制要求——适人性飞船

3.4.1 载人航天系统应为乘组人员提供手动控制飞船飞行路径和姿态的功能，下列情况除外：在地球大气层内上升时，此时飞行器的结构余量和热余量对手动控制具有负面影响（要求）。

阐释：乘员控制飞船飞行路径的能力是乘员生存的基本要素。手动控制意味着乘员可以绕过飞行器自动导航接口，直接在飞行控制系统的帮助下，实现沿任何路径飞行的能力，当然这要处于飞行控制系统能力范围之内。限制乘员对自动导航功能的选择并不是有效实施手动控制的方式。手动控制并不意味着绕过飞行控制系统。同时，对不需要主动控制的飞船的飞行阶段，如被动的降落伞着陆阶段，不能提供手动控制，即本要求不适用。在空间站没有可用的二次（reboost）推进系统，自然不能提供手动控制飞行模式（轨道参数），本要求也不适用。在地球大气层内上升（约100 000 ft）期间，为了维持正的结构余量和热余量，轨迹和姿态受到严格约束，这个轨迹和姿态约束不依赖导航系统很难获得。在这种情况下，若乘员只能依靠导航的话，则用手控代替自控也没什么意义。

3.4.2 载人飞船手动控制飞行轨迹和姿态的操纵水平，应达到Cooper-Harper评定量表所定义等级1的操作品质［操作品质等级（HQR）1，2和3］（要求）。

阐释：等级1操作品质是公认的军用飞机飞行轨迹和姿态手控标准。当需要完成任务或防止发生灾难性事件时，等级1操作品质将允许乘组人员有效地控制飞船，参考NASA TND-5153的Cooper-Harper评定量表。

3.5 系统控制要求——适人性飞船的接近操作

3.5.1 航天系统应为无人飞船接近操作提供乘员的监测、操作和控制能力，体现在：

a. 有执行任务的必要能力；

b. 有防止灾难性事件发生的能力；

c. 有防止发生中止飞行事件的能力（要求58604）。

阐释：航天器接近操作包含了多种工况，这个术语专门用于在太空（而不在行星表面）规定安全区域内运行着的任意两个（或更多的）航天系统。当无人航天系统主动与载人飞船靠近时，本要求包括为乘员提供监测无人飞船轨迹的能力。最低限度是载人系统要有能力发送基本控制指令，从而给无人飞船发出保持/停止、继续和放弃等指令。主动性意味着能使飞船改变飞行轨迹/路径/轨道参数，从而影响接近运行结果。

3.5.2 在接近操作阶段，载人航天系统应提供载人飞船（两艘或更多）之间的直接语音通信能力（要求 58607）。

阐释：直接的语音通信意味着信号不是通过地球上的任务控制中心或另一个通信中继卫星传送的。

3.6 乘员生存/逃逸要求

3.6.1 地球上升阶段的系统。

3.6.1.1 在地球发射前的活动中，航天系统应为无辅助的乘员提供紧急撤离到安全庇护所的措施（要求 58611）。

3.6.1.2 从发射塔架到进入地球轨道期间，航天系统应提供逃逸能力，并在下列上升失败工况下给予保护（最低要求）：

a. 完全失去上升推力/推进（要求 58613）。

b. 姿态调整或飞行轨迹失控（要求 58614）。

阐释：飞船穿过大气层奔向地球轨道，此过程必然存在风险。已有三艘载人运载火箭遭受了灾难性失败，其发生在上升过程中、发射塔架上（一艘航天飞机和两艘联盟号宇宙飞船）。两艘联盟号宇宙飞船的乘员从灾难性失败中幸存了下来，这得益于强大的上升逃逸系统。数据的分析、研究和过去的经验都支持下述说法：在发生运载火箭灾难性故障时，上升段逃逸对乘员生存来说是最佳选择。虽然没有明文说明，但上升段逃逸能力加上飞行器上某些类型的监测功能，在某些情况下，甚至可以监测即将发生的故障。

注：NASA SP/2011－3421 第 14 章，于 2011 年以安全概率分析的角度为逃逸能力有效性评估提供了指导。

3.6.1.3 载人航天系统应能够监测地球发射运载火箭的性能，并在监测到即将发生灾难性故障时，自动启动逃逸系统（要求 58616）。

阐释：火箭性能监测可以包括监测特定系统或子系统的功能。项目确定适当的参数后，在发射火箭期间实施监测。在发生灾难前，不是所有的潜在灾难性故障都可以被检测到。类似地，系统的分析与设计不能保证乘员在所有发射系统灾难性故障中得以幸存，但逃逸系统应为乘员提供生存的最佳机会。当监测到火箭即将发生灾难性故障时，考虑系统生效时间，逃逸系统应立即自动启动。同时，如果通过监测系统检测到灾难性故障，则逃逸系统自动启动。这并不意味着需要载人航天系统有独立实施发射火箭的功能（运载火箭是载人航天系统的一部分）。

3.6.1.4 地球上升阶段逃逸系统。

3.6.1.4.1 航天系统应给乘员提供启动地球上升阶段逃逸系统的能力（要求 58619）。

3.6.1.4.2 航天系统应给地面控制人员提供启动地球上升阶段逃逸系统的能力（要求 58620）。

阐释：与自动逃逸系统相比，乘组和地面控制人员可能获得更多的数据。因此，当必须考虑乘员生存时，无论是乘组还是地面控制人员都应具备启动逃逸系统的能力。

3.6.1.5 如果安全自毁系统已纳入设计，当飞船接收到安全自毁指令，并具备足够时间延迟，使得在运载火箭破坏之前可以实施成功的逃逸时，航天系统应自动启动地球上升阶段逃逸系统（要求58622）。

阐释：在运载火箭被一系列安全自毁（飞行终止）系统破坏之前，逃逸系统应自动启动。自动启动逃逸系统为乘员生存提供了最佳机会，同时保护公众免于受到一系列的安全侵害。留给程序来确定由哪一种安全指令（arm 或 fire）来触发逃逸系统。

3.6.2 地球轨道系统。

3.6.2.1 以在地球上安全着陆为目标，为执行安全离轨，载人航天系统将提供在地球轨道上自动中止任务的能力（要求58625）。

3.6.3 地月运输和月球轨道系统。

3.6.3.1 在月球运输和离开月球轨道期间，为安全返回地球，载人航天系统将提供自动中止任务的功能（要求58627）。

3.6.4 月球降落系统。

3.6.4.1 为了自动中止月球下降段运行，执行安全返回地球所需的所有操作，载人航天系统应为乘员提供相应的能力（要求58629）。

阐释：由项目确定中止操作所覆盖的范围。下降段的目标是覆盖率达到100%。

3.6.5 月表系统。

3.6.5.1 在月面，乘员需要监视无人飞船着陆阶段下降轨迹，并发送必要指令防止发生灾难性事件，航天系统应提供相应的功能（要求58632）。

阐释：提出这种功能的前提是假定乘员和载人月表系统已经到达安全区域。

3.6.6 月球上升系统。

为未来版本的 NPR 文件预设。

3.6.7 地球再入系统。

3.6.7.1 在地球着陆后，载人航天系统应为无辅助的乘员提供应急出口（要求58636）。

阐释：本条要求假定乘员已经具备 1 g 环境下活动的能力。无辅助意味着无法从地面、救援人员或救援设备那里得到帮助。

3.6.7.2 在地面着陆后，直到着陆回收团队和救援部队到达前，需要为飞船内的乘员提供安全庇护所，载人航天系统应提供相应的功能（要求58638）。

阐释：如果乘组人员无法接近飞船出口或因飞船外部环境危险而无法选择逃生，那么，直至救援力量到来之前，飞船为乘员提供了一个安全庇护所。本条要求的意图并非用于确定危险环境的边界（例如最大海况）或避险时间。经技术管理部门同意，工程项目可以在其自身的要求文件中指定这些条件。正常返回地球将会建立返回时间表，并对飞船内居住条件有着良好的预期。相反，在上升逃逸或紧急返回地球时，返回时间表可能是不确定的，并且飞船内居住条件将不同于正常任务返回情况。

3.6.7.3　回到地球后，航天系统应为救援力量提供飞船位置（要求 58640）。

阐释：在突发事件中，飞船可能无法返回正常的预定位置。经验表明，系统需要为救援力量提供飞船位置的工具。ISS Expedition 6 乘组搭乘联盟号飞船返回地球，一个系统故障引发了联盟号下降模式进入弹道返回方式。当这一切发生时，联盟号着陆地区“短于”目标着陆区。系统无法为救援力量提供准确定位，且乘员被置于一种等待救援的生存状态。随后，联盟号飞船系统改进了为救援力量提供信息的定位系统。该系统已成功应用于 Expedition 15，并在这次任务中发生了另外一次弹道返回。

附录A 名词术语

中止（Abort）：和任务中止相同，当任务失败时，乘员被迫提前返回地球；或不受控制的灾难性危险的存在阻挠了任务的继续进行，为了确保乘员的生存而返回地球。乘员位于可进入大气层和着陆的航天系统中安全地返回地球。

自动化的（Automated）：一个系统或操作的自动（与人相对）控制。

自主（Autonomous）：航天系统不依赖于地面系统完成操作的能力，包括与任务控制或其他的地面系统没有通信或实时支持。

停靠点（Breakout）：在接近操作中，机动一个或多个航天器到一个安全距离的能力。

灾难性的事件（Catastrophic Event）：直接导致乘员或乘客死亡或永久残废的事件，或没有预料到的、载人航天系统的主要要素的丧失或分解而导致乘员或乘客死亡或永久残废的事件。

灾难性的危险（Catastrophic Hazard）：不受控且导致灾难性事件的危险。

共因失效（Common Cause Failure）：由于单个事件或共同失效模式而导致的多个产品或系统的失效。

乘员（Crew）：飞行任务期间在航天系统中的人员，他们经过训练以监视、操作和控制整个飞行器或设备；与飞行乘员相同。

乘员/乘客的生存（Crew/Passenger Survival）：避免乘员或乘客死亡或终身残废的能力。在面对紧迫的灾难性境况时，采用诸如任务中止、逃逸、安全庇护所、紧急撤离、搜救和紧急医疗以使乘员或乘客保存生命的能力。

（航天系统的）载人单元［Crewed Element（of the Space System）］：在飞行任务期间被乘员或乘客占用的所有系统单元，载人单元包括所有的为乘员或乘客提供生命支持功能的子系统。

载人航天系统（Crewed Space System）：载人航天系统包括任务中的乘员占用的系统单元和为乘员或乘客提供生命支持功能的所有系统单元（比如载人单元）。载人航天系统也包括任务中所有与载人元素物理相连接的单元。载人航天系统是用于执行任务的比较大的航天系统的一部分。

下面的例子用于进一步说明与适人性评价认证相关的载人航天系统。

应用实例1：在NASA的任务中发射载人航天器的装置是从地面上升的载人航天系统的一部分。在这个示例中，适人性评价认证用于发射装置和航天器操作，即基准任务上升段的载人航天系统。

应用实例2：推进模块在针对适人性评价认证时是载人航天系统的一部分，它先被发射到太空，然后与NASA任务中的载人航天器相连。作为认证的一部分，本NPR中的一些要求在与载人航天器的接近操作时将被用于推进模块。

应用实例3：针对实例2中的推进模块的发射装置（与乘员分别发射）不属于载人航天系统，不进行适人性评价认证。

应用实例4：当乘员进入为发射准备的运输工具时，这个运输工具物理连接到发射架。则发射架不被认为是载人系统的一部分；如果特定的发射架与载人航天器有交互作用，则它被认为是载人航天系统的一部分。

关键行动（Critical Action）：如果操作失误将导致一个灾难性的事件或任务中止，那么该操作被定义为一个关键行动。

关键功能（Critical Functions）：如果丧失就会导致灾难性事件的任务能力或系统功能。

关键软件（Critical Software）：行为或表现可能导致灾难性事件或飞行任务中止的一些软件组件，包括飞行任务软件和地面控制软件。

关键（子）系统［Critical（sub）System］：如果（子）系统功能全部丧失或一个（子）系统功能的非正常执行会导致灾难性的事件或飞行任务中止，则该（子）系统被定义为关键系统。

地球上升中止（Earth Ascent Abort）：在飞离地球的上升段实施的任务中止，载人航天器已与发射架分离但不具有获得安全稳定轨道的能力。乘员安全返回地球是航天器正常着陆的一部分。

紧急撤离（Emergency Egress）：乘员在指定的时间内撤出飞行器并离开危险环境或灾难性事件的能力，飞行乘员紧急撤离可独立或由地面支持人员辅助进行。

紧急医疗（Emergency Medical）：响应乘员生病或受伤以防止或减轻乘员死亡或永久残废的能力，包括飞行器的固有能力以及将乘员转移到一个能提供更高级医疗的地方或飞行器。

紧急设备和系统（Emergency Equipment and Systems）：用于减轻和控制某种风险的一套组件（硬件和/或软件），该风险指其发生后会立即对乘员和载人航天器产生危害，包括火灾抑制系统、灭火器、紧急呼吸机和乘员逃生系统。

逃逸（Escape）：由于快速恶化和危险的情境，将乘员或乘客从正常用于再入的航天系统移出，并安排他们在一个适于生存的可返回或恢复的安全场所。逃逸包括但不限于使用为移出而使用原航天系统的模块。

例外（Exception）：从一个特定的、非适用性的要求中永久性排除的一个书面授权。

失效（Failure）：一个系统、子系统或组件在特定的限制下不能完成所要求的功能。

容错（Failure Tolerance）：有一定量的失效但还保持相应功能的能力。

过错（Fault）：一个不希望的状态和/或失效的直接原因。“过错”的定义涵盖术语“失效”。

飞行乘员（Flight Crew）：任务期间航天器上的被训练来监视、操作和控制航天器系统的所有人。

危险（Hazard）：系统的内部或外部的一种或一组状态，它可能潜在地引起伤害。

危险分析（Hazard Analysis）：识别危险和它们的潜在影响因素的过程。

人误（Human Error）：不是被人所计划和所希望的行动；或在一定的精度、次序或时间的限制内从事一项指定的任务，但是不能达到预期的结果，并且已经导致或潜在地导致不想要的后果。

人误分析［Human Error Analysis（HEA）］：用于评估人的行动，识别潜在的人因失误，对人的效能建模，定性地分析人误如何影响系统的一种系统方法。HEA 提供一种人的行动和失误的评估，通过减少失误发生的频率和减小对系统的负面效应以改进系统，HEA 是人的风险评估的第一步，也常常被称为定性的人因风险评估。

人的健康管理与照料（Human Health Management and Care）：就是行动、流程和特定医学系统的集合，这些医学系统能提供：1）环境因素的监测和人的健康评估；2）健康维护与对抗措施；3）针对损伤或生病的诊断与治疗的干预。

人的效能（Human Performance）：为完成一定的任务目标，乘员和其他的参与者提供的体力与脑力活动，包括与设备、计算机、流程、训练材料、环境和其他人员的交互。

适人性的航天系统（Human - Rated Space System）：适人性的航天系统就是能适应人的需要，有效地利用人的能力，通过充分考虑人操作安全性下的危险控制，并提供从紧急场景中安全恢复的能力。

航天系统的适人性评价遵循以下三个基本原则。

1）适人性评价是一个评估和保证整个系统能安全执行那些需要人的任务的过程。

2）适人性评价包括整合了适应人与系统交互的设计特征和能力，以增加总体安全性和任务成功。

3）适人性评价包括合并设计特征和能力，使乘员从危险场景中安全恢复。

适人性评价是贯穿系统生命周期的所有项目活动的有机部分，包括设计、开发、测试和验证、项目管理与控制、飞行易用性认证、任务操作、维护工程、维修、升级以及报废。

适人性认证（Human - Rating Certification）：适人性认证是由 NASA 局长所认可的正式授权。

适人性认证过程（Human - Rating Process）：该过程的所有步骤用于得到一个具有适人性的航天系统。这些步骤包括人的安全风险的识别、降低、控制、可视化，以及项目管理验收标准。针对人的安全性风险的评估，可接受的方法包括定量分析或定性分析方法，比如危险分析、故障树分析、人误分析、风险概率评估以及失效模式与效应分析。

人-系统整合（Human - System Integration）：就是将人的操作整合到系统的设计过程，通过分析、测试、人的效能建模、接口控制与显示、人-自动化系统交互，以提高安全性、效率和任务的成功。

着陆（Landing）：飞行到地球或月球表面的最后一个阶段或范围，包括从下降到接近、触地和休整。

生命周期（Life Cycle）：就是项目从正式启动贯穿实施的整个过程，包括设计、开发、验证、生产、操作、维护、支持和报废。

人工控制（Manual Control）：为了对一个航天器或操作施加直接控制而越过自动控制的乘员能力。为了控制航天器飞行的路径，人工控制就是在飞行控制系统的范围内能够影响飞行路径的乘员能力。类似地，为了控制航天器的飞行高度，人工控制就是在飞行高度控制系统的范围内能够影响飞行高度的乘员能力。

任务中止（Mission Abort）：与"中止"相同，当任务失败时，乘员被迫提前返回地球，或不受控制的灾难性危险的存在阻挠了任务的继续进行，为了乘员的生存而要求返回地球。乘员在可用于进入大气层和着陆的航天系统中安全地返回地球。

NASA 载人航天飞行任务（NASA Human Spaceflight Missions）：这个术语常将载人航天飞行任务与本 NPR 所要求的适人性系统区别开来。任何的 NASA 保持有任务决策权和乘员安全责任的载人航天飞行任务，都被认为是 NASA 的任务。

操作员（Operator）：在任务中与载人航天系统交互的人员。

优先（Override）：优先于系统的控制功能。

乘客（Passenger）：在飞行过程中在航天系统内不负责完成任何飞行任务的人，常被称为"航天飞行的参与者"。

终身残疾（Permanent Disability）：一个非致命的职业伤害或病患，它是由身体关键部位的丧失或有损导致的永久功能损害，这些部位包括主要的肢体（例如胳膊、腿）、关键感觉器官（例如眼睛）、关键生命支持器官（例如脊柱、脖颈）。因此终身残疾包括非致命的伤害或职业病患，它长久地使一个人失去能力以至于不能康复，使其不能在他们经过训练的职业内得到雇佣，并且有责任和正常人一样付出医疗费用。

安全概率要求（Probabilistic Safety Requirement）：在安全概率度量上的标准指标（例如乘员生命丧失的概率），以及标准必须被达到的确定性程度。

接近操作（Proximity Operations）：在太空，两个或多个相距很近足以相互影响的飞行器操作。它包括交会对接（包括打开舱门），解锁，分离（包括关舱门）。

公众（Public）：没有参加飞行活动的、但航天系统的正常运行或故障对他们有着潜在影响的所有人。

可靠性（Reliability）：在特定的环境条件下与特定的时间内，硬件、软件和人的因素能够按预定目标发挥作用的概率。

援救（Rescue）：定位乘员，前往提供援助，并把他们转运到一个安全地点的过程。

风险（Risk）：就是以下两个因素的综合：1）航天系统可能出现一个不期望事件（或事件序列，比如内部系统或组件失效或外部事件）的可能性（定性的或定量的）；2）后果与不期望事件发生的关联程度。

风险评估（Risk Assessment）：就是影响风险的各项因素的评价，确定 1）什么可能变差，2）怎么样最易于发生，3）后果是什么。

风险排序（Risk Ranking）：诸如事故场景或事故情景的类别等风险贡献者，基于它们的程度（考虑到危险的控制、乘员生存能力和其他的减小风险的措施）进行次序排队，以识别风险主要贡献者。

安全庇护所（Safe Haven）：职能与环境的功能关联，它在生命受到潜在的威胁时被启动与激活，可以维持生命直到营救、事件结束或可以进行修复。

安全性（Safety）：引起死亡、伤害、职业病、对设备或资产的破坏或损失以及对环境破坏的条件不存在。

安全性目标（Safety Goal）：支撑多次反复飞行任务长期目标的安全级，在系统层次上，采用对乘员风险的综合度量给出，如乘员生命丧失的概率。

航天系统（Space System）：用于执行航天任务或支持太空活动的所有的天基和地基系统（包括硬件和软件）的总称，包括但不限于载人航天系统、天基通信和导航系统、发射系统、任务与发射控制。也可参照技术要求中的“系统”。

安全阈值（Safety Threshold）：对于给定的基准任务，安全性的最小可接受程度（根据对乘员风险的综合度量制定，比如乘员生命丧失的概率）需由系统级层次指定。

子系统（Subsystem）：系统中执行一个特定或多个功能的第二级或次级系统（比如载人航天系统），包括电源系统、导航、高度控制、遥测、温度控制、火箭推进、结构子系统。一个子系统可由几个组件构成，且包括连接物，例如线缆或管子和被固定的支持结构。

技术权威（Technical Authority）：在特定的领域负责要求的建立、更改或作废的个人，三类技术权威是：工程类、安全与任务保证类和健康与医疗类。

试验飞行（Test Flight）：完全致力于试验目标的飞行或任务，飞行试验包括按比例制造的试验物品、无人飞行、载人飞行。

可用性测试（Usability Testing）：在实际环境中通过人使用系统的效果进行评估，针对特定的目标（例如操作控制是否好、反馈是否好、解释反馈是否好）确定它的易用效果，以识别潜在的人误和设计改进之处。

确认（Validation）：证实产品实现了预定目的，可通过试验、分析和演示的综合结果来确定。

验证（Verification）：证实产品符合规格说明书的内容，可通过试验、分析、演示和检查的综合结果来确定。

验证计划（Verification Plan）：列出了用于证明符合每一项要求的特定技术过程的正式文档。

作废（Waiver）：从一个要求中以书面授权形式去除。

附录B 缩略语

CDR Critical Design Review 关键设计评审

EVA Extravehicular Activity 舱外活动

HEA Human－Error Analysis 人误分析

HQR Handling Qualities Rating 操作品质等级

HRCP Human－Rating Certification Package 适人性认证包

ISS International Space Station 国际空间站

JSC Johnson Space Center 约翰逊航天中心

NPD NASA Policy Directive NASA 政策文件

NPR NASA Procedural Requirements NASA 程序要求

ORR Operational Readiness Review 运行准备评审

PDR Preliminary Design Review 初步设计评审

PMC Program Management Council 项目管理委员会

PRA Probabilistic Risk Assessment 风险概率评估

SDR System Definition Review 系统定义评审

SIR System Integration Review 系统整合评审

SRR Systems Requirements Review 系统需求评审

附录C 参考文献

[1] NPD 8900. 5, NASA Health and Medical Policy for Human Space Exploration.

[2] NPR 1400. 1, NASA Directives System Procedural Requirements.

[3] NPR 7120. 5D, NASA Space Flight Program and Project Management Requirements.

[4] NPR 7120. 10, Technical Standards Products for NASA Programs and Projects.

[5] NPR 7123. 1, Systems Engineering Processes and Requirements.

[6] NPR 8705. 5, Probabilistic Risk Assessment (PRA) Procedures for NASA Programs and Projects.

[7] NPR 8705. 6, Safety and Mission Assurance Audits, Reviews, and Assessments

[8] NPR 8715. 3, NASA General Safety Program Requirements.

[9] NPR 8900. 1, Health and Medical Requirements for Human Space Exploration.

[10] MIL-STD-721C, Definition of Terms for Reliability and Maintainability.

[11] "System Safety Requirements for Manned Space Flight," NASA Manned Flight Safety Office, January 1969.

[12] "A Review of Man Rating in Past and Current Manned Space Flight Programs," Eagle Engineering/LEMSCO, 88-193, A. Bond, 1988.

[13] "Guidelines for Man - Rating Space Systems," JSC 23211, M. Cerimele et al., 1991.

[14] "A Perspective on the Human Rating Process of Spacecraft: Both Past and Present," NASA Special Publication 6104, G. Zupp et al., 1995.

[15] "Human-Rating Requirements," JSC 28354, J. Van Laak et al., 1998.

[16] "OSP-ELV Human Flight Safety Certification Study Report," MSFC, J. Bullman et al., March 2004.

[17] NASA/SP-2011-3421, Probabilistic Risk Assessment Procedures Guide for NASA Manages and Practitioners, 2011.

附录 D HRCP 适人性认证包

本附录给出的 HRCP 实施表，是一份相关计划和文件的汇编，与说明材料一起通过打包方式提供给评审人员。HRCP 不打算复制或者重新包装现有各类项目的文件，而是提供总结信息。信息细节可以在参考文献和其他数据资源中找到，同时对其他文档中无法得到的信息进行适当的证实/说明/强化。在配置管理范围内（特别是参考材料和链接材料），HRCP 必须提供发生在里程碑之间的清晰的变化轨迹。

每个里程碑评审之前或会议上提供的材料应作为草案，主要用于评审和说明。后续应根据评审意见更新所有相关内容。经过评审的 HRCP 将存放在固定地点，并以支持相关的技术管理部门和 JSC 代表以及评审组成员查询的方式存放。

最终提交适人性认证批准和认可的 HRCP，将按照项目管理委员会（Program Management Council，PMC）制定的方式提供给有关各方。

适人性认证包（HRCP）实施表

HRCP 内容	SRR 系统需求评审	SDR 系统定义评审	PDR 初步设计评审	CDR 关键设计评审	ORR 运行准备评审
对需要适人性认证的系统进行描述	X				
对贯彻适人性的每个基准任务进行描述	X				
给出安全与任务保证计划以及记录的安全分析过程的链接	I	U	U	U	
给出项目如何利用乘员能力执行任务、预防中止飞行、预防灾难性事件的设计理念	X				
关于项目计划怎样贯彻 NPR 8705.2 第 3 章（用于确定技术实现策略的要求或权衡研究/分析）的说明；以及一个在第 3 章项目要求中描述的跟踪此能力的矩阵（执行能力的最高等级）	I	U	U	U	
项目中的人-系统整合团队以及相应责任描述	X				
与技术专家批准的适人性评价方法相关的强制执行标准列表	X				
由技术管理部门指定的作为附加标准的豁免和例外的总结，以及豁免和例外的位置链接	X				
NPR 8705.2 认证要求（第 2 章）和技术要求（第 3 章）中所有必须的豁免和例外列表，判断标准与处置，以及豁免和例外的获取方式	I	U	U	U	U
影响系统结构、系统设计和乘员生存的预防灾难性事件的安全分析总结		I	U	U	
在项目实施的每个基准任务的每个阶段，乘员采用的保持生命安全的方法描述，以用于确定技术实现策略的系统能力或者权衡研究与分析；跟踪执行项目需求能力的矩阵描述		I	U	U	
从顶级安全目标和阈值引出的安全概率要求，包括一些顶级的分配	I	U	U	U	U
乘员生存策略成功的可能性与效率的评估总结		I	U	U	U

续表

HRCP 内容	SRR 系统需求评审	SDR 系统定义评审	PDR 初步设计评审	CDR 关键设计评审	ORR 运行准备评审
航天系统乘员所可能遭受的安全风险的分级，以及从顶层安全目标和阈值引出的安全概率要求达成的评估		I	U	U	U
在系统中实现的容错水平的总结，包括在动态飞行阶段用于预防灾难性事件的不同的冗余和备份系统的合理性讨论		I	U	U	U
为基准任务而进行的乘员工作负荷如何评估的说明		I	U	U	
有飞行次数与类型要求的飞行试验项目的初步计划		X			
现阶段完成的可用性与人-系统效能测试，以及对与详细分析结果相关联的系统设计的影响的总结			I	U	
现阶段完成的人误分析，以及对与详细分析结果相关联的系统设计的影响的总结			I	U	U
升级飞行试验项目，具有与项目开发或验证需要相关联的飞行目标			I	U	
为下列各项指标的验证与确认而制定的计划，并含有合理性解释： · 识别乘员生存能力的实现活动； · NPR 8705.2 中第 3 章要求的实现活动； · 关键子系统的效能； · 关键子系统在整合后的效能； · 关键软件的效能，保密与安全； · 人-系统整合效能； · 在 2.2.5 条款中引用的标准的实现	I	U	U	U	U
系统的配置控制与维护计划					X
各项指标的验证与确认结果的总结(与详细结果对应)： · 识别乘员生存能力的实现活动； · NPR 8705.2 中第 3 章要求的实现活动； · 关键子系统的效能； · 关键子系统在整合后的效能； · 关键软件的效能，保密与安全； · 人-系统整合效能； · 在 2.2.5 条款中引用的标准的实现					X
与详细试验报告相对应的，针对每一个试验目标的飞行试验结果的总结					X
对于特定的基准任务，乘员的工作负荷被验证和可接受程度的认定方法与过程的描述					X
根据验证与确认的结果，改进关系乘员生命的安全分析，在试验没有完成的情况下用于支持设计的验证与确认，以及上述两个方面实现过程与方法描述					X

X 为一次性发布的项目

I 为初始发布的项目

U 为更新发布的项目

NASA/TM - 2006 - 214535
NESC - RP - 06 - 108/05 - 173 - E
NASA 工程与安全中心
大型项目解决方案
人因团队报告

人因工程设计、研发、测试与评价

美国国家航空航天局
2006. 12

第1章 引 言

1.1 设计、研发、测试与评价（DDTE）中人因的角色

NASA程序要求NPR 7120.5C附录M中，将“系统”定义为：“将共同工作的要素组合起来，产生满足某个任务所需的能力。其中，要素包括实现该目的所需的所有的硬件、软件、设备、设施、人员、过程和程序。”

因此，不仅是飞行乘组，设计者、生产者和地面支持人员也要被看作航天器系统的一部分。系统中所有的要素都受到人的效能的影响。反过来，人的效能也受到系统设计中许多方面的影响，包括与人有交互界面的设备、所接受的训练、所使用的程序、全体人员一起工作并完成各自职责所需的团队工作。系统设计的这些方面都会涉及人因工程（HFE）。

除了航天器系统外，HFE也是许多复杂人-机系统设计的基本要素，例如飞机、军事系统、计算机系统、过程控制设备和医疗设备等。电子与电气工程师协会的系统工程标准1220（1998，pp.3-4）指出，“产品设计和生命周期中，应从操作者、维护者、生产者和训练者的角度，将人看成系统的组成部分，以理解人-系统的整合问题，并确保系统产品可生产、可维护、可使用。”众多其他领域的系统工程和美国国防部标准将HFE看成是总体设计和评价过程的关键组成部分。在“高风险、高可靠性系统”的设计中，故障会造成较为严重的后果，因此HFE的应用变得非常重要。

系统的有效性和可靠性主要包含以下影响因素：1）系统硬件/软件技术性能；2）系统中人要素的有效性，包括人的效能、操作程序和训练；3）操作环境——人-机系统可能在一种操作环境中非常有效，而在另一种操作环境中则不然；4）以上三者的相互作用。因此，HFE是NASA开展系统研发、采购和评价的关键因素。

NASA系统工程手册（1995，P18）将HFE认定为一种专业学科，系统工程必须依靠它在系统生命周期中发挥重要作用（1995，P34）。NASA系统工程手册指出，系统工程管理计划“应根据需要”包括实施HFE的方法，并且演示“设计中提出的人因考虑因素，对终端用户的系统操作能力提供支持，使其有效完成任务”，这是成功准备初步设计评审的一部分（NASA 1995，P67）。

NASA程序要求NPR 8705.2A《航天系统适人性要求》属于强制性标准，其明确要求：在航天器系统的整个研发生命周期中，要应用HFE并说明HFE承担的典型角色。因为与本章内容相关，在后面相应的章节引用了NPR 8705.2A要求相关内容。

本章描述的HFE通用方法与其他领域复杂人-机系统使用的HFE方法一致，例如军事（国防部）、运输（交通部）和核能（核能管理委员会）中涉及的HFE应用。

1.2 人因的范围

虽然人-系统交互发生在系统研发和操作的所有阶段，但是本章关于可靠的航天器系统DDTE中的人因，仅限于与航天器系统有“直接接触”的要素。这些交互包括航天器生命周期的设计、生产、测试、操作和维护等所有阶段中涉及人的活动。因此，本节将考虑能够实现和促进人与航天器系统有效、安全、可靠和高鲁棒性（即，高健壮性）交互的做法。通过将本章限制为与航天器“直接接触”的要素，在航天器的研发和操作中没有直接介入“远程的”要素，例如管理和组织问题，就有意识地被排除在外了。但是，有些要素能够实现并促进地面控制活动，例如监视、反馈、在轨人员和自动过程的纠正和恢复等，这些要素应根据NPR 8705.2A标准3.3条款开展设计。最后，DDTE报告的9.0部分将清晰地说明环境和生命保障的有关事项（例如，辐射、大气），这些环境因素直接影响人的效能，因此也是这里讨论的与乘组相关的人因方面需要重点考虑的内容。

1.3 人因和其他学科的交互

HFE必须与其他所有的工程学科领域相互结合。与其他专业的一些联系已经非常明显，因为为了确保任务成功，航天器的推进、制导、导航和控制（GN&C）以及航空电子、机械、生命保障和软件系统必须由飞行乘组或地面支持人员操作。所有这些学科都影响到了乘组的效能、健康和安全。例如，结构、材料以及安全和任务保证（S&MA）会影响适居性、健康和安全。发射过程中，推进系统会给航天器和乘组带来较为显著的加速度和振动负荷，这对于乘组的效能、健康和安全有着明显的设计意义。航天器系统不仅要考虑飞行乘组的因素，也要考虑地面人员可有效、高效和安全地进行设计、建造、操作和维护。

因此，设计过程中，所有其他学科都应当清楚地意识到其产品作为整体系统的一部分在系统整个生命周期内对人员（飞行乘组和地面人员）的影响。因此，HFE与其他学科交互，不仅使未来航天器系统的设计能够尊重人的局限性，也要从人的能力中充分受益。图HF-1提供了人因学科影响图，从地面和飞行乘组操作两个方面，以人因的视角图示了在航天器系统生命周期不同阶段HFE与NESC学科领域的内在关系。

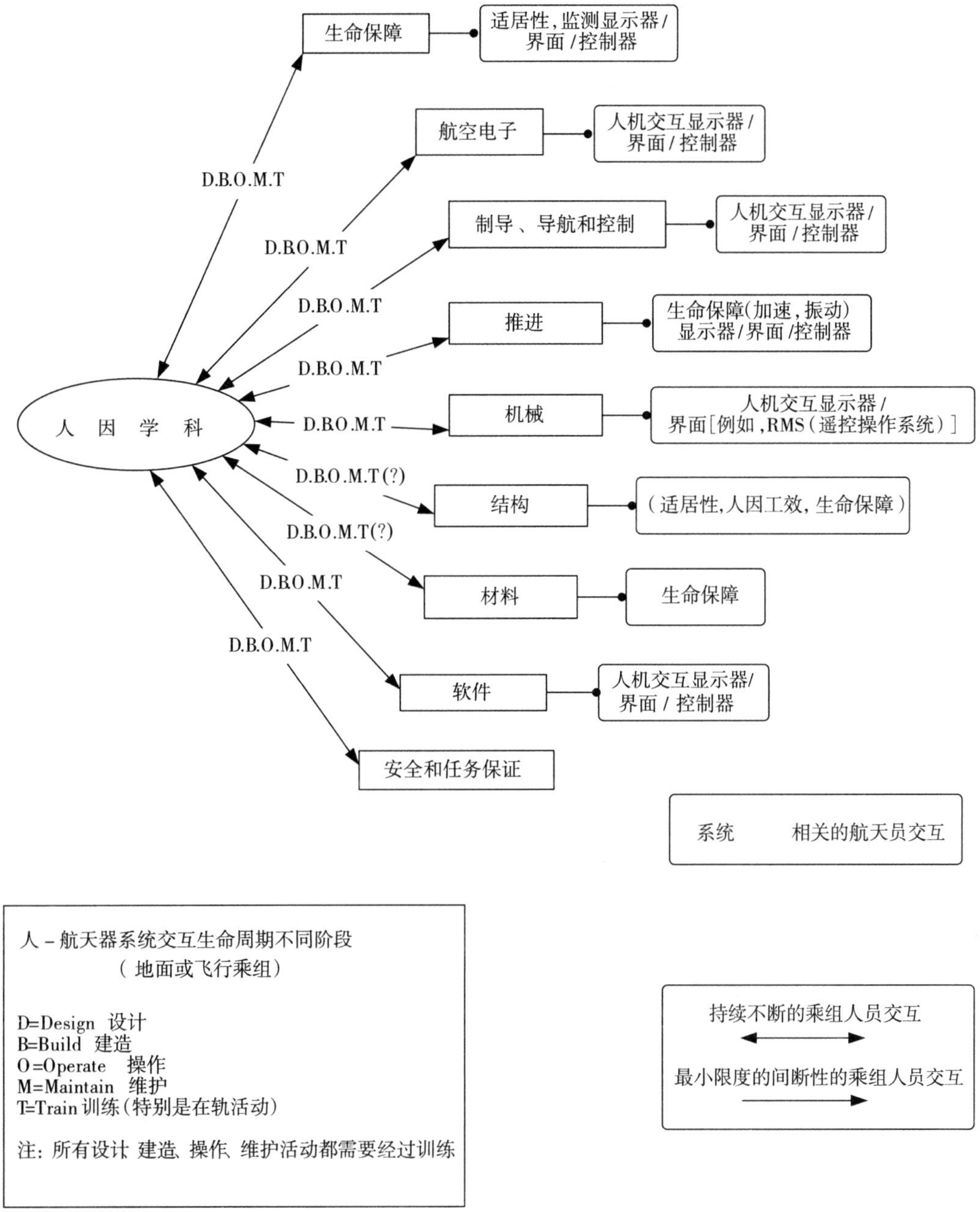

图 HF-1 人因学科影响图

第 2 章 确保航天器系统鲁棒性和可靠性的关键 DDTE&HFE 特征

确保系统鲁棒性（健壮性）和可靠性的关键特征可以分为以下两种：用于研发和操作产品的产品特性和过程特性。

2.1 人因产品特性

航天器系统设计的产品包括硬件、软件、系统文件、训练系统和程序。与系统寿命有关的 HFE 问题包括在所有操作条件下（正常、异常和应急）的设计、建造、测试、操作和维护。HFE 与航天器交互的所有人员均相关，包括设计和建造人员、发射前测试和验证人员以及航天员和地面支持人员。

鲁棒性好的设计应能够顾及到三个关键的 HFE 内容：

1）系统需求应与人的能力匹配。要求人可以在正常、异常和应急条件下可靠地完成任务。通过使用 HFE 设计分析、HFE 指南与标准，以及通过测试和评价可对这个特点进行支持。

2）系统应设计成使人的能力可以处理非例行的、意料外的问题。这是一个提供了系统弹性的关键特征。在系统设计和评价过程中，在完全没有意料到的情况下，人对全新环境的智能适应可以为任务的成功做出突出贡献。与自动化系统相比，人拥有不可比拟的解决问题和应对意外情况的能力。鲁棒性好的系统使飞行乘组和其他乘员在回路中、出现全新的情况时，能够采取行动。

3）系统设计应具备承受人因失误，并从中安全恢复的能力。NPR 8705.2A 标准 3.1 条款指出“航天系统应设计成任何两个故障都不能导致乘组或乘客的死亡和永久失能”。NASA 安全手册（NASA NPR 8715.3，要求 25215）也要求系统有足够的冗余，其中，对于系统故障后果较轻的损伤或人员伤害，允许耐受单项故障（故障安全）；对于系统故障后果能引起死亡或任务严重事件，可以耐受两个故障或两个操作者的错误（故障安全或故障可操作）。双故障容忍的理念并不仅仅局限于 NASA，在 MIL - STD - 882D（DoD，2000P14）中也涉及到。

如 NPR 8705.2A 标准 3.1.5 条款所述，失误容忍可以通过三种方式实现：

1）非期望但在预案内的失误要锁定，例如通过使用联动装置或者应用设计特征，防止危险的行为完成。

2）没有锁定的错误可以检测和恢复，例如具备“撤销”错误行为的能力。必须有检测错误的手段，并且在错误发生时能够很好地从错误中恢复正常。

3）对于不能锁定、检测或者不能恢复的非期望的偏差，要尽可能地将后果最小化。实现这个目标的一个方式是在系统中引入冗余（例如，能够允许任何两种故障或疏忽行为的组合）（NPR 8705.2A 标准 3.1.3 条款，要求 34422）

表 HF－1 列出了鲁棒性的这三条原则，并提供了示例，说明在系统生命周期的不同设计阶段它们如何应用。选择用来说明这些原则的阶段包括系统生命周期中的生产、测试、操作和维护阶段。

表 HF－1 可靠性/鲁棒性设计中 HFE 的角色

（在系统生命周期不同设计阶段中如何应用这些原则的好做法和示例）

设计原则	系统生命周期阶段			
	生产	测试	操作	维护
系统需求应与人的能力和限度匹配	生产时涉及的知识、技能和能力可以得到客观的定义和评估	测试和验证工作需在人的感知范围内进行	人-系统交互应符合人的能力标准	在人的能力范围内完成维护工作
系统应使人的能力可以处理非例行的、意料外的问题			系统使操作人员在回路中，在不可预知的情况出现时，能够控制住局面	如果有必要，非例行的故障排除和系统修复是可以的
系统可以耐受人因失误并能恢复： 1)不期望但是可以预料到的失误要锁定； 2)错误可以检测和恢复； 3)最小化不期望错误造成的后果	组件设计应使不正确的组装很困难	提供用于独立测试和验证的要求	适当的互锁，使得完成危险的事情变得困难；系统状态显而易见	避免同时进行冗余系统的维护

2.2 人因过程特征

下面是 HFE 项目的关键做法，以帮助确保 NASA 系统的可靠性和鲁棒性。

2.2.1 将 HFE 整合进设计过程

为了实现上面识别出来的关键产品特性，HFE 应按照 NPR 8705.2A（1.6.4.1 条款，要求 34346）的要求，从开始就完全整合进总体工程过程中。这将有助于确保与其他工程活动及时、充分地交互。经验证明，当 HFE 活动独立于其他工程活动单独进行时，其影响和有效性会大大降低。此外，在项目开始时就将 HFE 涵盖其中，有助于确保用户的需求在设计过程的早期就被考虑到，不至于使后期更改变得太昂贵。通常，当设计项目中问题发现较晚时，更正应当是“创可贴”式的修理，而不是采用最佳的解决方案（参见

DDTE 报告，2.1 部分，图 2.1-1 和图 2.1-2）。本文件描述的 HFE 活动提供了相关的方法。

2.2.2 使用“顶层-底层”等级方法，把 HFE 落到实处

HFE 应当基于使用“顶层-底层”方法的系统分析，进行研发、设计和评价。“顶层-底层”方法指的是，从等级系统的“顶层”——系统的高层任务和目标开始，分解出实现这些目标所需的功能。将功能分配给人和系统资源，每项功能分解为任务。对任务进行分析，确定其对操作者的认知、感知、运动和工效要求，然后识别出任务工效所需的警告、显示、程序和控制等要求。任务需求反映了系统详细设计所提出的工效学要求。将任务组织成有意义的工作，让系统操作者和维护者完成。界面、支持系统、程序和训练的设计，要为乘员完成其任务提供最好的支持。详细的设计（关于界面、支持系统、程序和训练）是“顶层-底层”方法的“底层”。当然，也有源自具体系统和组件的详细设计的要求。当进行人员任务分析时，要获取到这些要求。

2.2.3 在系统生命周期中应用 HFE

对于任何载人航天系统项目，均应在整个生命周期中强制应用 HFE（NPR 8705.2A，1.6.4.1 条款，要求 34346）。生命周期范围从概念设计到运行，最后到退役和处理。HFE 有时被看作是对最终设计的“可用性”检查。但是将用户需求需要考虑的事项降低为最终设计检查，会使设计更改变得非常困难，且改变的成本非常高昂。HFE 活动必须尽早进行，从系统初始规划阶段就开始，例如，哪些任务需要自动化以及设计中应采用何种程度的自动化；否则，可能就会太晚，以至于不能进行补救。

2.2.4 调整 HFE 工作排序，聚焦最重要领域

应当针对 HFE 活动进行排序。这意味着设计方面的组织机构应确保在设计过程中能够按照一定的程序将 HFE 设计和评价工作的水平调整到所需的程度。该方法能够确保 HFE 应用的影响最大化。此外，要求在（航天）环境、具体操作要求和对人效能影响进行分析的语境下，应当考虑以下因素。

- 对于所有子系统，识别出在生命周期的所有阶段（设计、研发、组装、测试、操作和维护），人何时及如何与航天器系统进行交互。
- 识别出人误和人效能的变化造成系统可靠性降低的情况。
- 关键的人的活动应当通过物理实物或通过计算机模拟建立原型。
- 应识别出活动之间的交互，注意对人的活动的规划，避免时间、空间上的瓶颈与冲突，并避免在已知人的效能非最优的情况下仍要求进行复杂的操作或任务的情况发生。
- 从概率和危害性角度评价人的可靠性的风险。
- 研发对抗措施。
- 需要证明，在设计阶段已经解决了主要的人的可靠性的威胁。从耦合的人-系统设

计角度考虑这些问题；如果合适，也要考虑硬件/软件系统。

2.3 人误风险的管理（初始的人误风险分析）

在研发过程的早期，识别出来自于人误的潜在风险非常重要。尽管系统可能处于概念定义的早期阶段，但仍可以粗略地识别出主要失误风险，并确保其在设计活动中被明确地考虑到。定义和设计分析后，随着项目的深入，迭代分析可以在逐步细化的精细水平上识别潜在的人误和人因风险。3.6 节提供了关于人误和人的可靠性分析方法的详细小结，适用于各种 HFE 项目的研发和设计。

NASA 安全手册（NPR 8715.3 标准，要求 32126）指出，初步的危害分析（PHA）要在项目研发过程的早期开始。早期人误风险的识别可能作为 PHA 的一部分进行人误风险分析。

初始人误分析的主要目标为：

1）识别可能与人的能力不匹配的系统需求关键项目清单（CIL）；

2）识别出系统中较易发生人误的关键项目清单（CIL），特别是违反双容错原则的地方。

在系统设计的早期，初始人误风险分析将有如下特征：

· 定性的而不是过于概率统计的方法；

· 更宽泛的尺度水平。

初始人误分析应考虑：

· 正常和非正常操作；

· 系统生命周期的所有阶段，从设计、建造和操作到维护。

初始人误风险分析将从如下方面获取信息：

· 操作实践；

· 操作经验总结；

· 事件和事故数据库；

· 来自其他行业和场所的相关经验。

用两种分析技术指导人误风险分析。

1）故障树分析（FTA）是一种自上而下的方法，首先列出潜在的灾难情形，然后详细识别它们发生的原因。在人误分析过程中，重点是危害任务或导致生命损失的人的行为。虽然概率估计也常常插入故障树分析中，但是即使没有这种详细水平的分析，故障树分析也能帮助分析人员识别出系统较易引起人误的地方，特别是违反双容错原则的地方。

2）人因过程故障模式和影响分析（HFPFMEA）是一个自下而上的方法，它识别出：人如何与人/机界面交互、可能有什么样的失误、会带来什么样的后果。来自故障树分析以及初步功能分析和任务分析的信息，有助于 HFPFMEA 过程（JSC，2002）。

FTA 和 HFPFMEA 两种方法是互补的，来自一种方法的信息可以用于修订和指导另一种方法。两种方法的关系见图 HF－2.

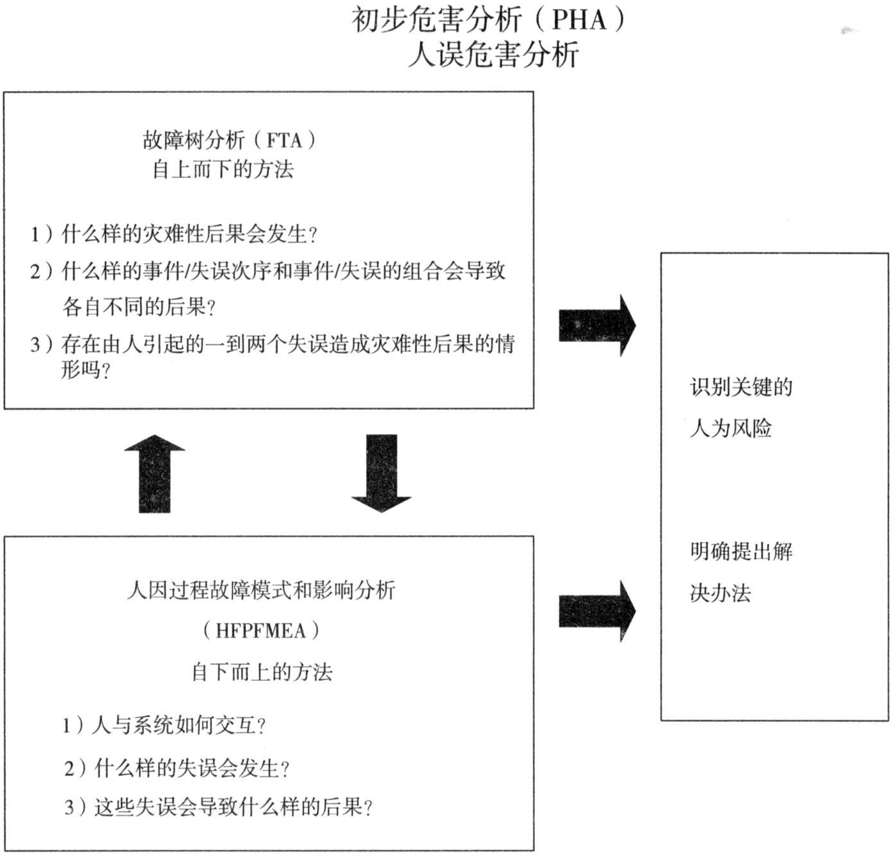

图 HF－2　初步危害分析：人误危害分析

第3章 人因工程活动

本章描述了为了支持人的可靠性而进行的 HFE 活动。这些活动在图 HF－3 中列出，并提供了实施 5.2 节关键特征的方法。图 HF－3 显示了相对于系统设计阶段 HFE 的相对时间表。由图 HF－3 可知，多种活动可以并行开展，在 DDTE 计划过程中每种活动的工作强度都会增加或减少。

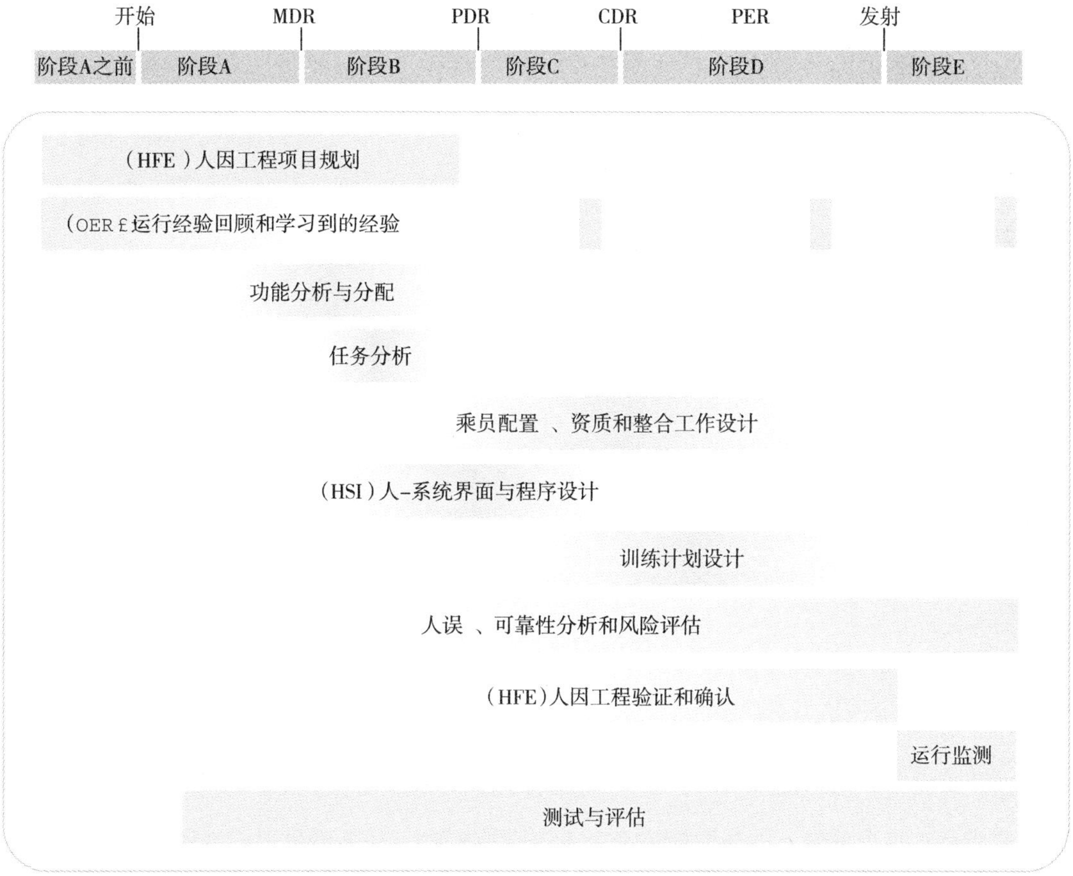

图 HF－3 作为设计计划一部分的 HFE 活动

图 HF－3 的目的仅仅是说明 HFE 在一般项目中的相对阶段和强度。但是，图 HF－3 并没有说明 11 种不同活动间的任何相互作用。此外，在整个项目的生命周期内，这些组合会随着后续的迭代而发生变化。最显著的是，活动的阶段划分和强度的精确细节在不同研发项目中会有所变化。

人因和人的可靠性不仅对航天系统的设计提出要求［例如，人-系统整合要求

(HSIR)]，而且 HFE 经验和人效能作为整体 SE（系统工程）过程的一部分，也能帮助定义任务和航天器设计的目标。因此，早期的 HFE 活动应当与早期的 SE 活动整合，并协调实施。图 2.3－3［见 DDTE 报告中 SE 部分（2006 年 12 月）］进行了相关的补充，说明了从项目一开始 HFE 需发挥的关键作用。如图 HF－4 所示，HFE 不仅在可靠性分析中发挥作用，其也为航天器计划建立了部分要求（HSIR 和星座计划要求文件，CARD）。HFE 也帮助 SE 定义了操作概念和需求（Mission Operations Directorate，任务操作理事会）。此外，HFE 帮助航天器系统界定物理学限值——乘组不仅需要在航天环境中生存下来，而且还要有足够的工效确保任务成功。最后，HFE 提供了更加综合的可靠性分析，因为操作者（乘组和地面人员）是航天系统的组成部分。

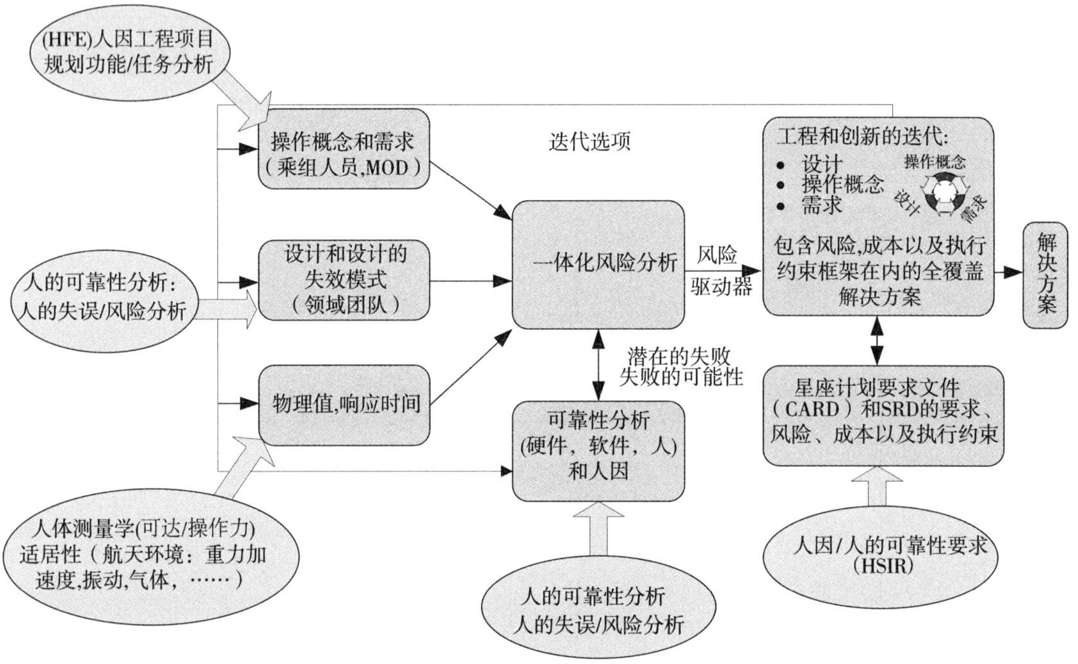

图 HF－4　在基于风险的迭代系统设计环中整合 HFE

注：HFE 的贡献（椭圆）指向了它们通常必须联系的具体系统工程活动

应当重点指出的是，人的效能可能对系统设计中看起来微不足道的方面非常敏感。例如，与很多复杂系统一样，航天器有着大型信息系统，而飞行乘组通过少量的舱内视频显示单元访问这些信息。乘员通过使用人-系统界面（HSI）提供的特征获取信息，例如菜单和链接。当这些特征设计不好时，与获取信息相关的工作负荷会增加，那么驾驶员就不愿意去获取所需的信息；特别是在应急情况下，工作负荷的管理已经是一个问题。但是，这导致的情形是：不能获取所需的所有信息会危害乘员的情景意识，导致对情况的错误诊断或采取不正确的行动。因此，为了支持人的可靠性，要注意本章讨论的所有 HFE 活动。

图 HF－3 中列出的每项活动都在下面的章节中进行了描述。每个章节的描述都涉及特定活动的三方面：

· 目的；
· 活动的关键方法学原理；
· 附加信息的来源。

这里描述的关键方法学原理可以用来评价所有星座（例如，CEV、LSAM ）系统中提出的设计计划。设计计划应当描述如何处理这些活动及其关键方法学原理。这个信息也可以用来评价设计本身。应注意以下两个额外的考虑因素。

第一，本章使用的术语通常与 SE 中典型术语的使用一致。但是，描述相同活动时，具体的设计和研发计划可能使用不同的语言，这完全可以接受。无论使用什么术语，设计计划是为了要实现目标，这很重要。

第二，设计是一个迭代过程。虽然下面的活动以串行的形式进行展示，但读者应当意识到，下面描述的许多活动是在项目设计研发的整个过程中进行的，并可能并行进行。所以，举例来说，在开始任何分析工作前，可能会有初步的功能分配，例如，初步的功能分配作为采购说明的一部分。但是，作为 HFE 活动的一部分，分配会进一步进行分析，以便更好地说明功能分配的基础。随着设计逐步细化以及系统功能的评价，功能分配在设计过程中可能要进行修订。

3.1 HFE 计划规划

该活动涉及对一个设计和研发项目的 HFE 进行规划，包括识别：1）总体 HFE 项目的目标和范围；2）新系统顶层操作概念；3）开展后续 HFE 活动所需的 HFE 设计团队技能（应清晰说明主设计团队和合同承包商的职责）；4）遵循的工程程序（例如质量保证和问题追踪系统的使用）；5）HFE 产品描述和分析文件及结果；6）关键里程碑和日程，确保及时完成 HFE 产品。规划活动的结果应记录进人因项目计划，可用于管理总体的 HFE 工作。

更多关于 HFE 计划规划的信息可参考以下资料：

· NPR 8705.2A 1.6.4.1 条款（要求 34346）；
· NPR 7120.5C 3.2.1.2d 条款；
· MIL - HDBK - 46855；
· O’ Hara et al. (2004) NUREG - 0711；
· O’ Hara et al. (2005) EPRI。

3.2 运行经验回顾和学习到的经验

新设计项目的基础是，对于现有类似项目以及要使用的新技术的优势和劣势的透彻理解。运行经验回顾（OERs）可帮助提供这些信息。在项目/计划周期内，随着设计变化、操作变化或出现其他研发的需求，OERs 应定期进行。OERs 应作为一个系列进行实施，开始是单独的，然后后续一个个 OER 作为现有设计评估周期的一个组成部分。每个 OER 的开展，都是为了理解：1）现有的和计划的工作实践，这样就可以评估计划中的改变所产生的潜在影响，例如，采用新的系统和新的职责和任务，或者采用新的工效计划；2）新设计或现有设计的修订中可能会涉及的操作问题；3）候选系统技术方法的相关领域经验。

关键的方法学原理有：

1）OER 和学习到的经验活动应识别正面的和负面的经验。实质上，一个项目的最佳起始点是理解过去类似系统学习到的经验。关于 HFE，系统和预期的 HSI 设计的总体任务的相似性应当给予考虑。

2）可以使用多种数据源，包括可用的文件（数据库、事件报告和总结）、访谈、乘员走访以及与其他机构和组织的交流。

3）设计组织机构应优先考虑识别出的 OER 信息项。因为只有设计团队成员能够使用这些信息，OER 才有用。因此理想的做法是，将信息根据其相关主题进行分类，如自动化、程序和训练。最后，项目应根据其对应任务成功和人的效能的重要程度排出优先级。

4）OER 和学习到的经验信息应存档，并清晰指出识别的问题、与之相关的设计活动及其重要性。OER 应进行维护，并及时提供给设计团队使用。

5）识别运行经验和学习到的经验是一个贯穿整个设计项目的持续活动。

关于 OER 的更多信息可参考以下资料：

· NASA 学习到的经验信息系统可检索数据库（http：//nen. nasa. gov/portal/site/llis）；

· EPRI（2005）；

· O' Hara et al.（2004）NUREG－0711。

3.3 功能分析与分配

每个航天器系统均设计为能完成一种或多种任务。而为了完成一项任务，要具备多种功能，例如 GN&C 和生命保障。这里使用的术语“功能分配”，仅指为了实现功能或部分功能，对人员（飞行和地面乘组）、自动系统或者两者组合所进行的职责分配。有些情况下，最佳的方法是弹性地进行功能分配，这样，动态地根据当时情况下的乘组目标和优先级别进行分配，既可以由乘组完成任务，也可以由系统自动地完成任务。进行分配是基于功能分析，确定要由谁来完成相关的功能。使用功能分析的结果，将职责进行分配，确保功能的总体实现。

进行功能分析后，就可以更好地对其要求进行定义。在某些点，这些功能或部分功能分配给可用的资源，包括硬件、软件和人（当然还有它们的组合）。功能分析和分配的总体目标是，确保对功能要求进行充分定义和分析，将功能分配给可用的资源时能够充分发挥各自的长处。换句话说，利用自动化和人的能力的方式是为了确保总体功能实现的最大化。

自动化的决策与操作中人的角色以及乘员实现系统功能的具体职责有着复杂的关联。飞行和地面乘组的效能对于总体系统性能、可靠性和安全性至关重要。因此对人的效能有负面影响的设计决策，最终会危害航天器系统的性能。自动化设计不佳对飞行乘组和其他人员最显著的负面影响有：

· 情景意识丧失——很高程度的自动化常常会造成情景意识的丧失，或至少造成获取情景意识的困难。

· 因信任和自满而造成警惕性丧失——当人开始信任自动化时，他们就会变得自满，监视系统性能的警惕性会降低，因此乘员就可能会在需要干预的时候不干预了。

· 极端工作负荷——更高的自动化水平常常伴随着低工作负荷（有时甚至达到无聊的程度）。当自动化功能正常时，往往就是上述情况；但是当自动化故障必须人干预时，就会发生极端工作负荷。

· 工作能力下降——因为自动化系统通常是可靠的，由人实现功能的情况很少，随着时间的推移，人完成行动的工作能力就会降低。同样，应当注意，人的工作能力也会随着时间与基于生理的节律影响一起波动。

因此，本分析的目的是具体说明系统实现功能时人和自动化的角色和职责，包括它们如何随着各种类型的故障条件的变化而变化。

关键方法学原理如下。

1）进行功能分析。第一步是确定任务所需功能以及可用的调整空间，包括：1）确定设计的目标、性能要求以及约束条件，例如，要求的速度、准确性和可靠性等；2）定义实现目标和所需的性能必须完成的活动；3）定义负责实现功能的子系统和功能（例如，配置或成功路径）之间的关系；4）定义优先和限制的权衡。功能特征包括：

· 功能的目的；

· 表明需要功能的提示；

· 表明功能可用的提示（实现可用功能的子系统/手段）；

· 实现功能所需的行动；

· 实现功能的时间与性能的要求与限制；

· 表明功能在运行的信息（实现功能的子系统/手段在运行）；

· 表明功能达到目标的信息；

· 表明功能可用或应该终止的信息；

· 潜在的功能故障以及实现功能的替代方法；

· 识别每项假设故障的提示。

对于特征的描述水平，开始时是一般水平，随着设计细节的出现，会有更好的定义。

2）定义评价情景。因为不同操作、事件和情形下，对人的要求并不是恒定不变的，因此应识别出几种用于评价的情形。每种情形都可能涉及多种功能。应形成足够数量的情形，为所有需要检查的功能分配进行评价打下基础。

3）进行功能分配评价。对每种情形进行分析，由于总体功能分析和分配过程是迭代的，因此分析可以在设计阶段的最早期开始。随着关于性能的信息越来越多以及评价的进行，分配可以逐步精细化，并可优化调整。支持该评价的信息包括：

· 功能分析（例如，速度、准确性、可靠性和工作负荷）所确定的估算的性能要求；

· 乘员和硬件/软件的能力和局限；

· 先前的操作经验，即关于哪项分配是有问题的以及哪项分配是成功的，这些应当作为分配的基础；

· 测评结果。

为了进行这些分配，应评价如下内容：

1）识别强制性的功能分配。首先考虑根据规定、NASA 政策或可接受的实践，这项分配是否是强制性的（例如，NPR 8705.2A 标准的 3.2 条款和 3.3 条款）。

2）识别出对人的角色极为重要的功能。根据理想的操作概念，有些功能对于人的角色来说是至关重要的。这就较为明显地偏向由人来实现这些功能。如果一项功能对于人的角色并不是至关重要的，则可能建议对其自动化，这样就不会对那些对人来说至关重要的功能产生干扰。

3）识别出表明自动化很重要的功能特征。对功能特征进行评估，确定自动化是否重要，例如，预估那些要求超出人的能力的地方。针对任何有下述要求和特征的功能都应考虑自动化：

· 手动完成功能会出现健康和安全问题；

· 需要快速完成的功能；

· 功能要求的精度超出人的能力范围；

· 要求的性能可靠性超过了典型的人的可靠性。

下一步，必须确定任务自动化在技术上是否可行；如果可行，是否性价比高。即使进行了自动化，也有理由设计成某种程度有人的参与，例如：

· 此功能是人的核心职责；

· 有些情况下会使得自动化的响应不合适；

· 理想的情况是，让人“在回路”，以对必须接管控制的情况准备好；

· 让人参与支持其他功能职责，这很重要；

· 人的参与是有意识的选择，为了避免无聊而让人增强注意力并工作。

如果这些理由都不存在且自动化性价比又比较好，那么就建议完全自动化。注意，这并不意味着乘员不必关注自动化行为。如果要保证有人的某种程度参与，那么完成功能所需的一些基本活动就应当设计为部分自动化。

在上面内容中，考虑了人的角色至关重要的功能，但同时指出了自动化也很重要。不过如果自动化并不重要，接下来要考虑的应当是此功能的某些特征是否表明自动化保证了（例如，自动化并不重要，但是其特征对人的效能是一个挑战）。特别是，对于具有如下特征的功能，应当考虑部分自动化支持：

- 实施过程非常复杂；
- 需要大量的重复作业（这些作业会产生疲劳和无聊，会负面影响人的效能）；
- 产生产生高的认知负荷；
- 造成长时间无聊；
- 必须在生理节律的低点进行；
- 产生高的体力负荷或疲劳；
- 功能的性能干扰另一项功能的性能。

当这些特征存在时，完全的手动容易发生错误，因此需要研发一些支持功能。如果自动化可行并且性价比高，那么就可以考虑部分功能的自动化。如果自动化不可行或性价比不高，那么功能就应当手动实现，应研发出任务支持功能来帮助人的工作。

当自动化比较理想或比较重要，但是又不可行时，就必须重新考虑实现功能的必要性。类似地，如果所需的任务支持功能非常复杂，任务也应当重新进行考虑。

4）在不同情形下评估分配。如上所述，在不同情形下，对人的要求可能并不是恒定不变的。若不同情形下获取了相同的分配结果，那么就可以设计成静态分布。也就是说，功能一直是手动的、完全自动的、部分自动的或者有任务支持功能的手动操作。如果不同情形下分配发生变化，那么功能就是动态分配。例如，某种情况下手动完成，其他情况下自动完成。

5）评价总体人员角色。评估所有人员分配的净效应，确保定义的人的角色是有逻辑性且一致的，并在可接受的工作负荷水平内，这很重要。

6）分配验证。验证分配可接受性是一个持续的过程。这里讨论的定性评价是必要的，但是分配可接受性作为后期设计活动的一部分，应持续进行评价。当实体模型、模拟器以及其他工具可用时，就可以通过测量实际的性能对功能分配进行评价。

关于功能要求分析和分配的更多信息可以从下面的资源中获取：

- Billings（1997）；
- DoD（1998）；
- EPRI（2005）；
- O’ Hara et al.（2004）。

3.4 任务分析

为了实现分配的功能，人必须完成其工作任务。通常，“任务”用来指有着共同目的的一组活动。任务分析的目的是具体说明成功完成任务的要求，例如，需要什么样的告警、信息、控制、通信和程序。

任务分析实际上是一系列技术。例如，Kirwan 和 Ainsworth（1992）列举出了 40 多种任务分析技术。单一的技术不能适用于所有情况，因为任务和任务之间的差异可能非常大。有些任务是顺序的，有着良好的定义，如启动一个系统。有些任务可能定义不清，也不是顺序的，如故障检测和排除。不同的任务分析方法适用于不同任务。例如，Link 分析是一种基于任务需求、对设备和控制台布局进行分析的方法。操作顺序分析方法用来检查任务的详细行为学内容，针对的是定义清晰的顺序任务。层次任务分析方法用来将高层次的功能分解成人完成其任务所需的信息和控制。认知任务分析是一种分析诊断和决策过程方法，非常适用于检查定义不清且依赖用户专业知识的任务。经过结合后，这些方法可以成为识别任务要求的有力工具。

虽然具体方法取决于任务分析的类型，但是下面列出了关键的方法学原理。

1）选择要分析的任务——并不需要对所有任务进行分析。例如，如果系统功能众所周知，并且与前身系统相比没有大的变化，就不需要进行再次分析。但其他任务需要分析。

2）形成高级任务描述——选出要分析的任务后，实际的任务分析就是形成高级任务描述，并将其分解到足够的详细水平，以识别出性能要求。这样，任务分析就是一个从任务分析开始的逐步分级分解的过程。任务描述的基本内容有：

· 目的——完成任务的原因（通常为了实现一个功能或者在一个功能分级中为了实现更高层次的要素）；

· 任务启动——表明可以开始任务的条件、事件或情况；

· 前提条件——任务开始前必须满足的初始条件（包括联动装置的角色）；

· 时间——如果有的话，对任务实施的时间约束：行动可用的时间和完成行动需要花费的时间；

· 任务终止——表明需要停止任务的条件、事件或情况；

· 故障——可能出错的事情，识别出提示和替代行动。

分析的实际开始时间取决于已经可用的信息。现有的系统文件和分析、主题专家、操作程序、与人员的讨论、走访和评估都是任务分析信息的潜在来源。

3）形成详细的任务描述——形成详细的任务描述涉及如下步骤：

· 将高层任务进一步分解为低层描述；

· 评价任务分解的完整性；

· 识别任务要素的关系（例如，哪些任务是顺序的，哪些任务必须并行开展）；

· 如果认为有时间限制或工作负荷问题，要形成时间表；

· 根据需要识别出更多的考虑要素。

4）识别任务要求——一旦任务分解到足够的详细水平，就要识别出人正确完成任务的具体要求。任务要求的类别见表 HF－2。这些要求是 HSI、程序和训练设计的主要输入。表 HF－2 中列出的所有项目并不是每项任务分析都需要的。

表 HF-2 一般任务要求的考虑

要求类别	例子
信息要求	· 参数值(单位、精度、准确性); · 显示格式(模拟格式装置、数值读取器、二进制模态指示器); · 参数趋势(例如,变化率、变化方向); · 参数阈(例如,正常阈值、上限/下限警示阈值); · 系统或设备状态(例如,运行状态、可用性状态); · 注意事项/警示; · 要求(信息)反馈能表征任务运行的饱满度; · 任务关联的警示提醒
决策要求	· 通过用户执行的评估决策; · 制定决策的准则; · 制定错误决策的风险
响应要求	· 采取措施的类型; · 时间允许性和约束性; · 所需要的精度; · 频率; · 采取一项措施所需可达和移动的必要性; · 完成一项动作的备用方法(例如,备份控制)
沟通要求	· 人员沟通(例如,故障解决或众多人员同时在系统中工作); · 人-机沟通要求
工作量	· 工作所需的体力、认知、迭代负荷(同一时间内串行和并行的工作)
任务支持要求	· 特种的、防护的服装; · 特制工具; · 作业辅助或特殊要求的辅料
工作场所因素	· 采取措施封存作业现场; · 典型或极端环境条件,例如照明、温度和噪音

任何一项功能/子系统的任务分析，都应当在相同的时间框架内、在总体任务环境下进行，这非常重要。若一个操作者没有其他任务，则设计可能是完全足够的；但是当存在竞争任务需求时，设计可能就严重不足。

任务分析提供了完成任务所需要的详细信息。这些信息在随后的分析中有很多用处，包括：人员配置、错误分析、HSI 和程序设计、训练以及验证与确认（V&V）。

任务分析的更多信息参见如下资源：

· Crandall et al. (2006)；

· Diaper (2004)；

· DoD (1998)；

· EPRI (2005)；

· Kirwan& Ainsworth (1992)；

· O' Hara et al. (2004)；

· Shraagen et al. (2000);

· Vicente (1999)。

3.5 人员配置、资质和整合工作设计

在上面讨论的任务分析中，确定了人的任务职责要求。本活动的目的是确定这些任务如何分配给乘员以及所需的总体人员水平。特别是，分析的目的是为了实现下述目标：1）将由人完成的任务分配给乘员个人；2）评估乘员职位可完成分配给其任务的资质；3）从整合的角度评估所有任务的总体影响。注意，这里“乘员”术语包括飞行乘组和地面人员。

关键方法学原理有：

1）给乘员分配任务——任务需分配给乘员个人。分配任务时的主要考虑是当前实践中确定的一般职责范围（工作负荷也很重要，将在后面的方法原理中对其进行介绍）。从人的效能角度看，让乘员的任务职责相互关联非常重要。根据其与一般职责范围的关系分配任务，可以为情景评估和情景意识提供支持。当乘员从事相关任务时，很容易保持对职责范围的注意力。相反，如果给乘员分配了随机的一组不相关的任务，那么任务之间注意力的转移就会降低乘员维持情景意识的能力以及正确监视状况和监测异常的能力。

2）评估整合的任务需求和人员配置水平——乘员职责定义为期望乘员完成的整套任务。本分析的重点是检查任务分配对这些职责的影响。一个关键的考虑是工作负荷。应当对工作负荷进行分析，如果工作负荷过高或过低，就要对任务分配进行修正。NPR 8705.2A 标准 3.4 条款介绍了飞行乘组和地面人员工作负荷要求。同时，延长工作时间导致的疲劳和人体昼夜节律因素也应得到考虑，因为我们知道，反应时间和认知会随 24 小时的人体时钟发生变化。整合任务需求分析可以使用几种方法：第一种，通过讨论任务可以进行桌面评估，应当有任务描述和详细的任务分析来支持这种评估；另一种评估方法是让乘员使用模拟器、实体模型和原型机经历这些场景。

3）评估团队协作——在大多数复杂系统中，乘组以团队的形式工作。识别出的对团队工作非常重要的行为包括具有共同的和协作的目标、维持共享的情景意识、参加开诚布公的交流和合作规划。成功的团队中的乘员会监测其他乘员的状况，相互备份，主动识别错误并对不恰当的程序提出疑问。个人任务分配或者变更个人的总体职责，会影响团队工作。因此，在整合任务需求评估后，应通过实际运行或训练专家来评估其潜在影响。

另外一项重要的考虑是新的 HSI 技术。通常，技术中无意识的和未预料到的影响，例如引进智能，会对乘组职责以及团队流程产生影响。

4）评估人员资质——人员需要具备具体的知识、技能和能力（KSAs），以完成其分配的任务。人员配置和任务分析应通过实际运行或训练专家进行评估，以识别出每个乘员的 KSAs。

关于人员配置、资质和整合工作设计的更多信息，可从如下资源获取：

· DoD (1998);

· EPRI (2005);
· O' Hara et al. (2004)。

3.6 人误、可靠性分析和风险评估

开展本活动是为了评估在系统运行和维护过程中潜在的人误及其机理。开展人误分析的原因多与训练优化、效能以及设备设计和安全有关。人的可靠性分析（HRA）暗含一个系统模型，其与设备可靠性考虑要素相关，人故障的概率是由有显著风险的行为和决策决定的。无论进行人误分析还是进行人的可靠性分析，都需要详细分析主要的人员任务，包括本章前面所描述的人-系统交互方面，这样就可以充分理解围绕它们的环境和条件，以便进行容错设计策略的识别和实施（使人员失误最小化，能进行检测，提供恢复能力）。在 HSIs，程序、训练和自动化的设计过程中，这些看法/观点可用于管理潜在的错误。重要任务是那些能影响任务成功、系统运行安全的任务，其中乘员安全是一个问题。例如，当考虑飞行中操作的重要任务时，任何潜在的能导致任务失败或乘组死亡的错误都应当进行分析，这就意味着要识别当前设计的容错措施。NPR 8702.5A（1.6.2.3 条款，要求 34399）要求项目经理“研发系统工程模型，并与研发的风险模型兼容……以便在系统整个研发和运行中，对部件、子系统以及人的可靠性数值进行估算和分配。”有潜在应用价值的当前 HRA 方法综述见 Chandler et al. (2006)。

关键方法学原理有：

1）识别要进行分析的人员任务。当对复杂的系统进行分析时，对所有人员行为进行详细的失误分析是不可行的。因此，有必要形成一个筛选标准，选出要进行评价的行为。有几种可用的方法。首先，开展的任务分析应当有任务故障的评估，这可以为重要的人的行为的识别提供输入。其次，可以从相关领域专家和系统人员那里获得定量信息，以识别重要任务。再次，故障分析技术，如 HFPFMEA 可用来系统地评估潜在的人员任务失败。最后，正式的风险模型，例如 PRA，也称为安全概率分析（PSA），可用来定量地识别人的任务失败对系统风险的影响。HRA 是用来描述人因分析的术语，以确定 PRA 模型中任务的人误概率。

HRA 过程的概述见《系统的人类行为可靠性程序》（SHARP）（EPRI 1999）和 IEEE STD 1082（IEEE 1997）。这些程序可以帮助 HRA 分析人员确定具体的重大风险事件。作为这个过程的一部分，要研发出模型，其包括故障树中出现的人和机械的模型。要确定与设备和人相关的事件的故障概率。最近，在 NUREG 1792（2006）中，美国核管理委员会（NRC）提供了关于 HRA 的好的做法的概述，可作为总体指南。一般来说，HRA 分析应当进行剪裁，以适合总体分析的水平；应当说明依赖关系、不确定性和影响效能的因素；应当基于普遍接受的失误分类方法，并且应当参照人效能基本模型。使用风险模型的好处是，它们提供了进行敏感性分析的能力，以单独或者综合的方式确定各种人和机械故障的相对重要性。

2）增强任务描述。一旦识别出了重要的人员任务，就对它们进行详细分析，重点关注形成错误的条件和环境。形成错误条件是指效能影响因素（PSFs）和系统状态所创造的、使得人误发生概率非常高的条件。通常，PSFs 是影响人的效能的因素，包括程序的可用性、可用的完成时间、任务复杂度、训练、HSI 设计特征和压力等。对于非地面的操作，如 EVA，也应当识别出其与航天生物学相关的影响因素。

在任务分析中形成的任务描述，可以作为本分析的起点。如果进行分析时可行，应当增强补充描述的细节，例如，错误如何会发生、预先处置（或者消除）错误的情形，以及 HSI 的有关特征。任务描述的增强将需要专家参与；至少，应当咨询预期要完成任务的这些人员。表 HF－3 包含了评审或者讨论待分析任务时要对人员发问的例子。

表 HF－3 人误分析问题例子

- 有多少是人误发生时既巧合又偶然的能够显著影响绩效水平的合理的、可信的不利条件（例如，一个传感器的失效导致的一些仪器故障）？
- 你认为对于操作团队来说，人误发生时情境的紧张程度如何？你碰到过类似的情况，或者其他紧急/异常的情况吗？你预想一下是应该更紧张还是不那么紧张？
- 你认为在任务中导致失败的最可能的情况是什么？
- 你觉得什么样的失误或者无意识行为会彻底延误任务的完成或对任务造成极大的危害？
- 如果任务在完成之前被中断会导致什么问题？
- 执行任务的过程中，有哪些步骤会发生混淆，又有哪些步骤会产生错误？
- 在执行任务的每一个步骤时，对于一些决策行为和需做出选择的行为，是否能够保证信息是足够的、易于理解的？
- 获得任何控制或是不同的控制之间可能存在的混淆会导致失误吗？
- 执行任务时是依赖于不同的管理分工机制，还是客观地受它的影响，例如，飞行乘组和任务控制中心之间的分工如何？如果是这样，采用什么样的资源配置？

3）识别潜在的失误和管理方法。一旦人误的考虑纳入了所选择的任务描述，就应当对任务进行评审，以便清晰地识别潜在的错误，以及减少错误概率或减轻其后果的任务改变。

最后应当指出的是，人效能的易变性对于需要人完成关键任务的系统来说，是对其可靠性的公认威胁。很多行业的经验，例如核能和航空，已经证明，对于持续的系统可靠性，需要有一个非惩罚性的聚焦人误的报告系统。要使这样的系统运行，必须鼓励人员报告错误和其他运行问题，必须对报告的事故进行分析，以识别出必要的纠正措施。哥伦比亚事故调查委员会（NASA CAIB，2003）指出，NASA 对于使用事故数据历来就存在困难。

关于人误和可靠性分析的更多信息可以从下述资源获取。

- NPR 8705.2A，附录 C.6.7；
- NPR 7120.5C　3.2.5.2d 条款；
- NPR 8000.4；
- NASA/OSMA 技术报告（December 2006）《NASA 人的可靠性分析方法选择指南》；
- DoD（1998）MIL－H－46855B；
- EPRI（1999）SHARP1；

- EPRI (2005);
- Fields et al. (1997);
- Forester et al. (2006);
- Gertman& Blackman (1994);
- Hollnagel (1998);
- IEEE STD 1082 (1997)《人类行为可靠性程序》;
- JSC 29867 (2002);
- Kirwan, B. (1994);
- Kolaczkowski et al. (2005);
- O' Hara et al. (2004);
- Reason, J. (1990);
- Woods, et al. (1994)。

3.7 人-系统界面和程序设计

NPR 8705.2A 标准 3.2 条款要求，必须为航天系统的乘组提供监视器和关键控制功能的界面，并能使乘组收到所有关键功能指令的反馈。NPR 8705.2A 标准 3.3 条款也有对地面控制的类似要求。HSI 提供了人员与系统交互所需的资源。HSIs 包括告警、显示、控制、决策支持辅助，并被整合进工作站和控制中心。HSI 也包括在建造、测试和维护过程中与人员（除了飞行乘组）进行交互的系统部分，例如连接器、紧固件和测试系统。有着良好设计的 HSI 具有表 HF-4 列出的特征。

表 HF-4 设计较好的 HSI 的一般特征

准确地表征系统信息
满足操作者的期望值
确保情境感知和乘员任务绩效
最小化次要任务干扰
平衡工作量
兼容使用者的认知和体力特征
容错
易用(设计尽可能简单)
标准性和一致性贯穿始终
及时地提供信息和反馈信息
提供了一种方法来获得需要的解释说明
提供指南和帮助
针对独特事件和个人喜好能够提供适当的灵活性

关键的方法学原理有：

1）识别 HFE 设计要求。上节讨论的分析结果形成了对 HSI 和程序的要求。例如，人员配置分析识别乘组规模、不同乘员的角色和职责。任务分析识别出完成任务的详细要求。人误分析识别出容错的要求。

根据总体操作概念，对工作空间和环境的设计还有其他要求，例如，衬衣袖子对应的EVA压力服环境。其他存在的工程要求也会影响HSI的设计，例如，可用空间、预期的功率等。综合在一起，这些要求提供了一个进行HSIs设计的框架。

人因标准，例如MIL-STD-1472和NASA-STD-3000详细说明了设备设计的方法和指标，不仅针对操作性，也针对维修性。维修性好的做法的例子见表HF-5。

表HF-5 设备设计好的做法示例

设备器材需具备相同的结构和功能，才能在一个系统或相关系统的整个运行周期具备互换性。如果设备器材从功能上来说不具备互换性，那么在物理上也不具备互换性。
MIL STD 1472 5.9.1.7
连接器被设计成具备相同的或近似的功能，用来排除不能匹配和/或不能对准。
MIL STD 1472 5.9.1.7
误用的规避性。线缆用管路收纳或防护起来，是为了避免机械伤害和误用，包括被门、盖子损害，被用作踏板或手扶，或被剧烈反复地折弯和扭曲。
MIL STD 1472 5.9.13.6

2）研发和选择概念设计。应当识别和研发满足要求的替代方法。本指南中推荐替代方法的原因是，它们能够为在用不同方法之间进行权衡探索提供机会。评估替代方法并获取人员的反馈能够帮助识别出最佳解决方案。评估方法可以包括：

· 权衡评估；

· 人员意见和可用性评估；

· 基于效能的测试和评价。

3）类型指南研发。一旦选定了概念设计，就形成了类型指南。针对具体系统的类型指南定义了HSI要素的详细特征和功能。在不同的细节水平上都存在HSI设计指南。工业界的指南和标准，例如NASA-SAD-3000（以及针对星座项目的升级版）一般提供了高级指南。但是，高级指南不能用于设计。指南必须变得更加具体和精确，这就是类型指南的作用。类型指南给出了描述具体系统HSI的特点和功能的详细说明和规则，例如，总体座舱布局、显示屏组织、向人员展示系统特征和功能的方式、显示导航特征和功能以及具体的设计特征，例如显示的字体和使用的颜色等。因此，例如，通用的HSI指南可能这样说“标准的显示屏组织结构对于HSI的各种功能（例如，数据显示区、控制区或者信息区）从一个显示到另一个显示应当是非常明显的”（NRC. 2002，指南1.5-1）。具体系统的类型指南可以按照下述的方法实施通用指南：“每个屏幕分成四个部分：上面的区域提供标签和识别信息，左边区域提供导航控制，下面区域提供告警、状况和消息等信息，大的中间区域为用户显示选择的信息”。

使用类型指南使得整个HSI设计能够一致，即使设计由不同团队完成也是一样。此外，使用HFE指南有助于使设计与人体生理学和认知特点相符合。用户会将其生理的和认知的特点带到与HSIs的交互中。HSI必须适合人的视觉、听觉和触觉感知，信息处理特点，生理尺寸和操作力等。幸运的是，设计工程师不必为每个项目确定这些特征。对于HSI重要的许多生理和认知特征在HFE指南中都已经反映出来了。

4）详细设计。有了选定的概念设计和类型指南，详细的HSIs设计和程序就能完成了。在详细设计中，通常还会有额外的考虑，例如：

- 自动化的不同程度；
- 支持团队工作；
- 长期的HSI使用；
- 在不同环境条件下的HSI使用；
- HSI的测试、检查和维护；
- 处理HSI和仪表，控制情况变糟和故障发生。

在详细设计中，进行容错设计是一个重要的考虑。这意味着设计HSIs是为了：

- 使用户错误发生最小化；
- 为用户提供检测他们发生错误的方法；
- 提供一种可以更正错误的方法。

使得HSIs具备容错是好的做法，特别是当涉及重要的人的任务时尤其重要。重要的人的任务指的是，对于任务成功、安全性以及设备和人员保护有潜在重要影响的那些任务。

第一步是确保有完整的HFE分析。容错设计开始于早期的HFE分析，具体指的是：

- 识别与重要的人的行为有关的操作经验；
- 重要的人的行为的自动化程度的考虑；
- 与重要的人的行为有关的人误分析；
- 与人的行为相关的人员配置和资质的分析。

这些分析应当已经完成。但是，如果还没有完成，就必须在此阶段进行，以便了解活动的任务要求。

使得HSI更能容错的一般方法是确保主任务能得到支持。主任务是指直接与系统运行相关的任务，包括监视、检测、状况评估、应对计划和响应实施。为了确保主任务得到支持，应识别出关键的任务要素，并在设计中将其清楚地说明。表HF-3列出了这些关键要素。

接下来，应当最小化次要任务。次要任务是指在与系统交互过程中需完成，但并不指向主任务的任务。它们可能包括：显示导航和翻页、搜索数据，以及对如何配置界面进行的决策。使这些任务最小化可以帮助预防失误，因为这可以将更多的注意力和认知力留给主任务。次要任务的存在，例如显示导航，应当进行检查并尽可能最小化。使用上述的几种HSI设计技术，例如基于任务的显示或者基于计算机的程序，可以帮助确保次要任务最小化。现代的显示导航技术也会有所帮助。例如，鼠标轻点控制过程的变量图标，除了能得到控制变量的趋势图，还能得到相关过程控制系统和相关HSI的显示。

3.6节已经确定了人误的具体机制，以及考虑将建议的设计特征增加到设计中，以帮助管理和消除失误。例如，如果两种或多种形式的情况需要不同的响应，将一种情况混为另一种情况就是失误。设计的 HSI 特征应能支持人员区分不同情况，最大程度地减小这种失误。这可能涉及非常简单的东西，例如，在显示上提供区分情况 A 和 B 的关键参数识别的信息，以及各自的当前信息。这将能帮助人员评估当前情况并识别现有状况。更加复杂的解决方法是，研发决策辅助，自动分析情况并识别正确的状况。

最后，重要任务的完成也可以通过程序和具体训练来进行支持，这样可以提高正确完成任务所需的熟悉程度。训练可以识别具体的任务完成标准，对标准的掌握程度可作为训练计划的正常部分进行评估。训练也可以清晰地说明人误分析或设计团队识别出的潜在关键失误。

这里也应当指出，“进行维修性设计”问题，在其他航天器系统领域中，如机械、航空和 GNC 等，也会影响设计的可靠性。它们不仅与穿衬衣和 EVA 压力服进行在轨维修有关，也与工效学和人体测量学的因素有关（NASA - STD - 3000 第 11、14 章）。

关于 HSI 和程序设计的更多信息，参见如下资源：

- NASA STD - 3000 Volumes I and II；
- NPR 8705. 2A Section 3，and Appendix C. 7 -，C. 8，C. 9；
- MIL - STD - 1472；
- O’Hara et al. （2002）NUREG - 0711 rev 2；
- O’Hara et al. （2005）EPRI 1010042。

3.8 训练计划设计

人员训练是确保系统安全可靠运行和维护的重要因素。训练计划的目标是为人员提供技能、知识和能力，使他们能够合理地承担他们的角色和职责。

关键的方法学原理有：

1）一般考虑。训练计划应当基于“系统的训练方法”。应当定义训练的总体范围，包括：

- 需训练人员的类别（例如，飞行乘组、地面支持人员）；
- 训练类别（例如，初训、复训、即时）；
- 具体条件（例如，正常、异常、应急）；
- 具体操作活动（例如，维护）。

应当识别涉及训练研发的所有组织的角色，同时也应当定义训练研发和实施过程中涉及的组织和人员的资质。

2）分析任务并识别学习目标。训练计划应当是基于工作和任务要求的系统分析。该分析应当包括其他 HFE 活动中得到的结果。学习目标应当根据训练后期望的效能分析得出。训练目标应当说明受训者所有与工作相关的知识和技能特征，例如，与系统的交互、HSIs，以及其他人员。

3）研发内容。定义的训练计划设计应具体说明如何将训练目标传达给受训者，定义应包括：

- 使用媒介，如演讲、模拟和在职训练等，来传递具体类别的学习目标；
- 使用的具体条件和情形；
- 训练实施的考虑，如时间顺序和不同训练部分的安排。

事实性知识应当在实际任务环境中教授，以便人员学习如何在工作环境中应用。工作环境应当进行定义，并应有明确意义，以帮助受训者将知识和工作要求联系起来。

研发技能的训练计划应结构化，使训练环境与训练的技能水平一致。它应支持技能获取和长期记忆，让受训者能管理认知需求。例如，受训者在掌握必备的低水平技能（例如，怎样操作控制设备）前，不应放置在训练高水平技能（例如，协调乘员的控制行为）的环境中。

训练应当涉及关于子系统、HSIs 和程序的决策策略，也应当包括获取和解释信息的规则，以及解释系统、HSIs 和程序故障症状的启示。

4）训练设施和资源。应当定义满足训练设计要求的设施和资源，例如，全任务模拟器、部分任务训练模拟器、实体模型、设备复制件和教室等。

5）实施训练。根据学习目标和准备的课程内容实施训练。

6）训练计划的评估与修改。对于评估训练计划总体有效性以及受训者是否达到训练目标，应当定义相应方法，包括书面和口头测试、走查时人员效能的评审、模拟器演练以及工作中的训练与评价。应当为具体的训练模块定义其训练目标的评估标准。在计划中，应当包括基于受训人员在工作场所绩效的训练评估和修订。

也应当定义确认训练课程材料准确性和完整性的方法。训练内容和实施的修订和更新程序应当建立起来，包括追踪训练课程修订的程序。

7）提供定期复训。人员应进行定期复训。对复训中的任何变化或增加部分都应当进行评估。

关于训练计划的更多信息，参见下述资源：

- NPR 7120.5C；
- U.S. Marine Corps.（2004）；
- O’Hara et al.（2004）。

3.9 HFE 验证和确认

V&V 评估全面确定了设计符合 HFE 原理，并且使人员能够成功完成其任务、实现系统安全和运行目标。V&V 的 HFE 内容帮助确保：

- HSIs 和程序支持任务要求；
- HSIs 和程序被设计为适合人的能力和局限；
- 整合系统设计（即硬件、软件和人员要素）满足任务目标和绩效要求。

关键的方法学原理有：

1）HSI 任务支持验证。这个评估是为了验证 HSI 和程序支持人的任务要求，例如，任务要求的告警、信息和控制能力都能提供，任务要求是通过任务分析定义的。对设计进行检查，以验证识别出的要求在设计中可用。

2）HFE 设计验证。这个评估是为了验证 HSI 的设计是为了适应人的能力和局限，如 HFE 指南中所反映的那样。应当对设计进行评估，以确保其符合 HFE 指南，例如 NASA-STD-3000（以及针对星座计划的升级版）所提出的那些，或者系统类型指南（见 3.8 节）

3）整合系统确认。该评估使用基于绩效的测试来确定整合系统设计（即硬件、软件和人员要素）是否符合绩效要求并支持系统的安全可靠运行。NPR 8702.5 标准 1.6.6 条款强制要求进行人在回路测试，包括飞行、地面处理以及任务支持乘组“以验证系统设计在系统运行期间满足人的绩效要求，并且飞行中的维护与预期的任务操作概念和预期的任务时间相符”（要求 34253）。这种评估也称为“运行测试”（Meister 1986）。该评估常常采用高保真模拟器进行，因为在实际场地用真实的系统测试整合系统对设计基础事件的响应是不现实的。

这些评估识别出的潜在设计问题，其重要性应进行评估，如果有必要则进行更改。

关于 V&V 的更多信息可从如下资源获取：

- NASA（2005）NPR 8705.2A，1.6.6 条款；
- Charlton & O’ Brien（2002）；
- DoD（1998）；
- Meister（1986）；
- O’ Hara，et al.（1997）；
- Wise et al.（1993）。

3.10 运行监测

系统实际安装部署后，并不应当结束系统评估。进行该活动是为了识别和说明新系统运行后出现的问题和学习到的经验。例如，进程显示上的错误标签，模拟器上和实际运行环境表现出不同的 HSI 功能，改变任务的执行方式后产生的意想不到的困难。在正式程序中处理这类问题，有助于系统识别和解决这些问题，而不是依靠轶事信息和临时修理。

关键的方法学原理有：

1）规划和管理。运行监测活动的具体规划非常关键。一般需要资源和人员来支持监测活动。虽然大部分运行监测所需要做的工作不多，但是如果不做任何工作或不提供资金支持，也无法完成。

2）组建团队。为了实施有效的运行监测，需要建立一个运行监测团队来负责该活动的每个部分。在监测期间，团队将负责：

- 搜集信息；

· 在需要的情况下根据专业知识对个人进行访问；

· 分析和解决识别出的问题；

· 将运行监测计划的结果归档，准备监测工作结论的简要摘要。

3）搜集数据。必须有方法使人员不仅能识别观察到的问题，而且还能获得有用的积极反馈。使用的一些方法包括：用户用来记录发生问题的问题报告单、用户面谈以及工作实践的观察（在可能的地方）。最后，这些信息会归到有效的“学习到的经验”数据库。

4）筛查问题的重要性。识别出的问题应当由团队进行评估，以确定其重要程度。

5）研发和实施解决方案。对于重要的问题，应研发、测试和实施解决方案。

关于运行监测的更多信息，参见如下资源：

· NPR 8705.2A 1.6.6 条款；

· EPRI（2005）。

3.11 测试和评估

该活动是整个 HFE 过程不可分割的一部分，贯穿整个设计生命周期。例如，进行测试和评估可能是为了解决一个权衡问题（即使用触摸屏还是鼠标输入）、获取设计信息（即确定一组图标的含义），或者尝试新方法（即对远程设备进行类似网页的监测和控制）。来自用户的信息也支持评估活动，例如，评估设计是否符合绩效要求。测试和评估也提供了获取信息和用户反馈的有用方法。

测试和评估方法包括：

· 用户访谈；

· 调查、问卷和评定量表；

· 讨论小组；

· 观察学习；

· 使用制图、实体模型或原型进行走查；

· 计算机建模。

每个方法都有核心的方法学考虑，包括参与者的选择、选择测试装置、场景选择和设计、测试设计、绩效测量选择和评价标准，以及数据分析。如何处理每个因素取决于测试/评估的类别，以及开展的时间（设计过程的早期还是晚期）。

关于测试和评估的更多信息可以从如下资源获得：

· NPR 8705.2A 1.6.6 条款；

· Charlton & O’ Brien（2002）；

· EPRI（2005）；

· Meister（1986）；

· O’ Hara, et al.（1997）。

第 4 章 历史展望和过往表现

4.1 历史展望

HFE 传承于 NASA 系统，常常被称为“人因工程”，在与飞行乘组直接接触的航天器系统中，其独特作用已经被认可。3.5 节列出几个当代 HFE 活动。传统的 HFE 系统活动的主要方面与 HSI 和程序设计有关。其他 HFE 航天器系统 DDTE 活动列于 1.3 节，例如功能分析、任务分析和风险分析，它们一般在其他组织［例如，系统工程（Goodman，1972）］内开展，都没有正式受过训练的 HFE 专家参与。发表于 20 世纪 70 年代早期和中期的一组共 114 条的 NASA 技术说明，探讨了各种阿波罗飞船系统的设计和研发历史。其中与乘组工作站整合相关的 5 条阿波罗经验报告显然是属于传统的人因工程领域（Allen &Nussman，1976；Landoc&Nussman，1975，Wittler，1975；Hix，1973；Wheelwright，1973）。更多的阿波罗经验报告描述了其他组织开展的 HFE 类似的或相关的活动，这是他们相应系统部件研发的一部分（例如，Hyle，Foggatt，& Weber，1972；Burtzlaff，1972；Graves &Harpold，1972；Hyle&Lunde，1972；以及其他人）。

传统的航天系统 HSI 职责最重要的是“活跃”界面（即显示和控制——D&C）的设计、研发、测试和评价，以监视和操作航天器，以及“不活跃”的乘组-航天器界面元素，如座位、扶手、窗户和照明。与活跃和不活跃界面元素相关的是，要确保在严酷的航天环境中乘组能够安全、有效和可靠地使用这些航天器系统部件。因此，历史上人因工程的职责就不仅仅是飞行乘组人体测量学（即可达域和操作力的能力）以及认知能力（例如，视觉和听觉）方面的研发和应用要求，而且还要注意环境因素（例如，超重、失重、振动、大气、温度和辐射），以确保乘组身体上能耐受（即适居性），并且不能严重地影响乘组的任务工效。某种程度上讲，确保航天器环境满足人因工程适居性要求，是环控生保系统的职责。

早期的 NASA 系统设计中，为了确保飞行乘组成功完成任务（包括航天环境对适居性的影响），应用了关键的人因工程数据，它们是从早期（二战后）的航空航天飞行经验以及生物航天数据宝典（NASA SP-3006，第 1 版，1964；第 2 版，1973）的相关研究中获取的。这些早期的数据以及从阿波罗到天空实验室系统的界面设计经验，最终整合进入人-系统整合标准（NASA-STD-3000，1987；RevB，1995）。

载人 NASA 系统的人机界面程序和 D&C 设计实践趋势可以追溯到 20 世纪 50 年代亚轨道、轨道（水星号和双子星座号）和月球飞行（阿波罗）的实验性飞行器。阿波罗计划以及后来的航天飞机计划中，舱载计算机的引进及其能力的增强，首先提出来一个现在还在进行的讨论，即自动和手动系统的角色，以及两者控制功能的相对分配。有些任务功能，如月面降落，被认为非常关键，不能主要依靠通过窗户（加上其他舱载设备）反馈进行直接手动控制。通常，自动部分的设计允许在异常运行中进行手动接管（Landoc&Nussman，1975）。

利用航天器模拟器研究人的效能，将其作为系统可靠性的一个定量指标，这就是当前人的可靠性分析（HRA）的前身，最初开始于双子星座和阿波罗计划（Grodsky&Flaherty，1965）。阿波罗登月舱（LM）和指挥舱（CM）人-系统界面设计的设计理念由Landoc和Nussman（1975）列出，逐字逐句地写在表HF-6中。用Landoc和Nussman的话说是D&C设计和使用“最基础和最有影响力”的要求，这些理念遵从了早期航空航天系统的原理，并且实际上超越了阿波罗D&C的研发。从这个列表中可以看出，其背后隐含着许多当前NPR 8705.2A和NASA-STD-3000中关于鲁棒性、冗余和可靠性等人-系统整合原理，并且是当前正在研发的HSIR和其他CARD要求的基础。应当指出的是，Landoc和Nussman的列表仅仅提供了对抗偶然的人行为的单故障（也就是“装弹-开火”）、双故障（也就是“准备-装弹-开火”或“装弹-装弹-开火”）的方法。

表HF-6　阿波罗D&C系统的基础和有影响力的要求
（相关的NPR 8705.2A要求以黑体字显示）

1）禁止单一的显示器或控制器失效能够危害到飞行乘组的安全，或由此造成任务终止。**（cf. NPR 8705.2A，Req 34422）**

2）D&C设计能够确保单个飞行乘员既能在指挥舱，又能在登月舱安全地飞行（例如，登月舱在月球轨道运行或指挥舱在地球轨道运行）。

3）整个任务期间，显示设备和控制器用于保障飞行乘员控制航天器运行和管理各个子系统。**（cf. NPR 8705.2A，Req 34483，Req 34495）**

4）信息应该被清晰地表达出来，用于对关键系统状态的快速评估，而不是通过大量的故障定位修复程序去识别故障使之修复。

5）正常的子系统运行不应该要求乘员不断地监测和控制。

6）由飞行乘员正常操作引起的易受损或易疏忽的显示器和控制器需要适当的引导和指南。**（cf. NPR 8705.2A，Req 34426，Figue 5）**

7）已存在被证明可行的设计概念需要在实践中尽可能多地使用。

8）通过消除相冲突的设计，指挥舱和登月舱的“显示和控制（D&C）”应该标准化，以提升乘员的效能。

9）所有的“显示和控制（D&C）”必须设计成满足身穿加压服航天员的操作要求，而且必须设计成在航天员被完全束缚、着加压服操控航天器加速飞行期间能够满足要求。

10）主要的指令必须随航天器携带。这些指令的存在能够确保执行在轨任务时不需要依赖地面信息；然而，也不排除使用可增强可靠性、精确度或执行力的地面信息。**（cf. NPR 8705.2A，Req 34463，Req 34481）**

11）自动控制系统用来获得高精确度，并加速响应，为从事繁重任务量的乘员进行减负；但是，所有的自动化控制模块必须有手动备份。

12）任何中止任务的发起都是在轨的，乘员需要对此承担主要的职责。**（cf. NPR 8705.2A，Req 34481，Req 34487，Req 34488）**

13）需要提供警报显示器用于提醒关键的在轨系统故障。这些显示器的激活能够通过可视和可听的重要警报信号来提醒乘员。

14）装好的显示器和控制器用于给登月舱提供可视登陆或依靠设备登录月球的能力。

15）乘员启动中止任务的行为需基于至少两种提示命令。在上述所有的理论体系框架内，细节设计的工作会逐步建立起来。

4.2　过往表现

4.2.1　失败和成功

航天飞机独立评估小组报告（NASA SIAT，200）识别出了航天飞机计划中一系列的人因问题，并提出了许多建议以解决这些问题。这些问题的核心是员工和人误管理问题，在未来任务中也需要对此进行考虑。核心理念是需要员工、工程师和管理人员加强沟通，以培育合作精神，维持员工的信任和忠诚。观察到员工的转岗和裁减造成了公司技术和程序知识的损失，并使得劳动力被拉得太薄。重要的是，SIAT 报告识别出了需要将人因纳入决策过程，并作为消除潜在的单点或多点故障的手段。此外，报告建议，人误管理和安全性度量的研发“应当得到积极支持并在整个项目范围内实施”。

问题和错误追踪对于计量人误和安全性能是非常重要的。NASA 当前运行有几个 PRACA 数据库，当然额外的事故信息也可以由合同商存储在数据库中。NASA 的事故信息报告和存储系统受到了哥伦比亚事故调查委员会的批评，认为是“功能障碍的数据库”。2000 年，航天飞机独立评估小组报告也识别出了 NASA 的 PRACA 数据收集、存储和分析中的问题。主要发现 PRACA 系统：

- 不能提供决策者所需的信息；
- 出现数据丢失和事故处理不一致的问题；
- 缺乏复杂的分析工具；
- 碎片化；
- 提取事故信息需要有专门的知识和经验。

SIAT 小组针对 NASA 的问题报告和追踪提出了几条建议。一条关键的建议是，应使用最新的数据库设计和信息管理技术对 PRACA 系统进行改进。

4.2.2　人因失败和成功案例

人在系统生命周期的设计、生产、测试、运行和维护等各个阶段都可能引起威胁。在每个阶段，人的能力可以使系统从异常事件中恢复，或者控制事件影响。1997 年进步号飞船与和平号空间站的碰撞以及随后的光谱号舱段的减压，也支持了这个观点。多种人因问题，从感知-运动效能、疲劳和训练情况，到更宽泛的地基组织政策和国际政治问题，都可以看成是事故的成因。同时，在轨乘组为应急事件的恢复做出的贡献，最终避免了生命的丧失和航天器的损失（Ellis，2000）。

下述的四个案例研究，进一步说明了人的效能如何降低或者保障系统的可靠性。前两个案例中，系统不能可靠地运行，因为系统设计不能很好地与人的效能匹配。后面的两个案例研究说明，人的干预如何使一个系统从非期望的和非计划的条件中恢复出来。

（1）联盟 11 号减压（运行需求和人的能力不匹配的例子）

1971 年 6 月 30 日，联盟 11 号飞船搭载 3 名乘员返回地面。在 168 km 高度，飞船与轨道舱分离，爆炸螺栓的意外点火引起压力平衡阀的提前打开。阀门开始向外泄气，这个过程持续了 30～50 s。有证据显示，乘组对应急情况做出了反应，试图手动关闭阀门。但是关闭阀门的程序乘组需用 60 s 完成，俄罗斯航天员在阀门关闭一半前就死亡了。系统设计者似乎没有考虑操作者进行操作控制的速度（Newkirk，1990；Johnson，1980）。

（2）起源号航天器 G 开关（缺乏检测人差异的测试程序的案例）

起源号航天器上的一个关键部件是一组 G 开关，被设计用来触发航天器降落伞的打开。因为组装图的错误，传感器安装上下颠倒。结果，航天器返回地面时，降落伞没有打开。由于研发进度压力，本来能够发现错误的离心机测试被取消了。从这个意义上讲，系统可靠性因为缺乏能捕捉到人误的“安全网”而降低了。（Kerr，2004；NASA，2006）。

（3）轨道器的 FOD（在非日常维护条件下利用人的能力示例——“鱼跃接球”）

航天飞机独立评估小组报告给出的一个“鱼跃接球”的例子是，维修人员在前舱焊接水管前发现光滑的衬垫塞住了管路（NASA SIAT，2000）。这是维修人员在正常程序之外发现的问题。这个案例说明，地面处理过程中，计划外的人的干预如何为系统可靠性做出贡献。SIAT 报告附录 3 中引述了大量其他“鱼跃接球”的例子。

SIAT 报告附录中“学习到的经验”列举了一系列的商业航空飞行事故，其都归于机械故障，但根本上说是维护过程中一系列的人操作失误。同时，在航天飞机项目中，也可以观察到很多导致这些航空事故的职业压力因素。减少潜在失误的建议措施包括，使用失误管理技术以及纳入安全追踪量表。

（4）阿波罗 13 号（非常规操作环境中使用人的能力示例）

这里给出的阿波罗 13 号的例子，是为了说明人的干预如何能够使系统从非预期的应急中恢复。液氧储箱爆炸损坏阿波罗 13 号的服务舱后，乘组利用对接在指令舱上的未使用的登月舱，进行了部分的返回地球之旅。这种配置从前从未飞行过，阿波罗 13 号乘组将登月舱作为了临时“救生艇”。乘组的安全返回要求任务控制人员和航天员具有解决问题的能力和创造性的思维。一个经常被引用的例子是，临时配置的二氧化碳去除装置防止了二氧化碳达到危险水平。尽管对所有可能的应急情况进行预测和准备是不可能的，然而可靠的系统应为操作人员提供机会，使他们能够应用创造性和灵活性来处理非预期的问题。

第5章 小结/“最好做法”的指标

人-系统交互发生在系统研发和航天器系统运行的所有阶段。这些阶段包括：1）设计；2）生产（建造）；3）测试；4）运行；5）维修。因此，下面列出的所有指标/问题需要针对航天器生命周期的每个阶段进行评估。

5.1 系统特征

考虑到系统特征能够实现并促进人与航天器系统交互的有效性、安全性、可靠性和鲁棒性，需回答下列问题：

- 系统要求是否与人的局限性相匹配？它们是否利用了人的能力？
- 要求人完成的任务（包括在不利条件下）能否可靠地完成？
- 系统能否耐受并恢复人引起的偏差？
- 系统中是否在可行的地方采用了双容错？
- 系统能否在使用人的能力后可以耐受非常规、非预期的问题？
- 系统是否将人安排在回路中，并在自动化不能解决问题的时候让人采取行动？

5.2 计划特征

采用HFE计划是为了实现HFE目标及关键产品属性，从而实现系统可靠性和鲁棒性。高可靠性系统的HFE计划的特征应具备如下关键属性：

1）HFE计划是否从开始就整合进总体工程过程中？

2）系统的HFE内容是否在系统分析的基础上使用“自上而下”的方法进行研发、设计和评估？自上而下是指从系统高层任务和目标“顶部”开始的方法，详细的设计（关于界面、支持系统、程序和训练）是自上而下过程的“底部”。

3）HFE是否考虑应用于整个生命周期，即从概念规划到运行和最终的退役/处理？

4）HFE活动是否进行分级，使不同水平的HFE设计聚焦于设计过程中最需要的地方？

5.3 核心HFE活动

HFE计划包括需要设计和评估过程中涉及的组织（NASA、主承包商、子承包商）完成的11项核心活动。与这11项核心HFE活动相关的是一组需进行评价的“最好做法”。

（1）HFE 计划规划

HFE 计划是否识别出：

· 通用 HFE 计划目标和范围？

· 新系统运行的高级操作概念？

· 开展后续 HFE 活动所需的 HFE 设计团队技能？

· 接下来的工程程序（例如，QA 和问题跟踪系统的使用）？

· HFE 产品描述以及分析和结果归档？

· 确保 HFE 产品及时完成的关键里程碑和时间安排？

规划活动的结果是否归档进入人因项目计划中，并用于总体的 HFE 工作？

（2）运行经验回顾和学习到的经验

运行经验回顾（OER）以及学习到的经验文件是否得到维护并能随时供设计团队查看？它们是否清晰地提供识别出的问题、与之相关的设计活动，以及其重要性？

（3）功能分析和分配

是否描述了实现任务所需的各种功能？是否完成了将功能或部分功能的职责分配给了人员、自动化系统或者两者的组合？在功能分析确定需要谁完成功能后，是否进行了功能分配？是否确定了系统功能实现过程中人员和自动化的角色和职责，包括各种故障条件下他们如何变化？

（4）任务分析

任务分析是否具体说明成功完成任务的要求，例如，需要什么样的告警、信息、控制、通信和程序？

（5）人员配置，资质和整合工作设计

是否确定了这些任务如何分配给乘组以及需要什么样的总体人员水平？特别是，分析是否 1）将人的任务分配给具体乘员？2）评估了完成分配任务的乘员所需资质？3）评估了进行整体考虑后所有任务的综合影响？

（6）人误和可靠性分析

重要的人的任务（即影响任务成功、系统运行安全性，以及人员安全的任务）是否进行了识别和详细分析？是否对它们进行了足够详细的分析，以便应用容错设计策略（人员失误最小化、使人误能被检测、提供恢复能力）对它们进行管理，例如，通过设计人-系统界面、程序、训练和自动化？

（7）人-系统界面和程序设计

HSI 是否提供了人与系统交互所需的资源？HSIs 和程序是否 1）反映了系统的功能和物理设计？2）满足人员任务要求？3）展示了良好 HSI 和程序设计的一般特征？4）易于学习和使用？

（8）训练计划设计

训练计划是否为人员提供了恰当履行其角色和职责所需的技能、知识和能力？训练计划是否基于系统的方法，包括识别学习目标、研发课程内容、实施训练、评估和修订训练计划，以及定期复训？

(9) HFE 验证和确认

V&V 是否全面地评价了设计符合 HFE 原理并能使人员成功地完成其任务，以实现系统安全和运行目标？V&V 的 HFE 内容是否能帮助确保 HSIs 和程序支持任务要求，使 HSIs 和程序的设计适合人的能力和局限性，并且整合系统设计（即硬件、软件和人员要素）来满足任务目标和效能要求？

(10) 运行监测

是否系统一旦部署就进行了系统评估？这项活动是否识别并说明新系统运行后发生的问题和学习到的经验？

(11) 测试和评估

这个活动是否是 HFE 过程的一个有机组成部分，并且贯穿整个设计生命周期？

参考文献

[1] Allen, L. D. & Nussman, D. A. (1976) Apollo experience report: Crew station integration. Volume 1: Crew station design and development. NASA - TN -D -8178.

[2] Billings, C. (1997). Aviation automation: The search for a human - centered approach. Mahwah, NJ: Lawrence Erlbaum Associates.

[3] Burtzlaff, I. J. (1972) Apollo experience report: Acceptance checkout equipment for the Apollo spacecraft. NASA - TN - D - 6736.

[4] Chandler, F. et al, NASA (2006). NASA/OSMA Technical Report (December 2006) Human Reliability Analysis Methods Selection Guidance for NASA.

[5] Charlton, S. & O'Brien, T. (Eds.) (2002). Handbook of Human Factors Testing and Evaluation (2nd Edition). Hillsdale, New Jersey: Lawrence Erlbaum, Associates, Inc.

[6] Crandall, B., Klein, G., & Hoffman, R. (expected 2006). Working Minds : A Practitioner's Guide to Cognitive Task Analysis. Cambridge: MIT Press.

[7] Diaper, D., & Stanton, N. A. (Eds.) (2004). The Handbook of Task Analysis for Human - Computer Interaction. Mahwah, NJ: Lawrence Erlbaum Associates.

[8] DoD (2000) Standard Practice for System Safety (MIL - STD - 882C).

[9] DoD (1998) Human Engineering Requirements for Military Systems, Equipment and Facilities (MIL - H - 46855B). Washington, D. C.: Office of Management and Budget.

[10] Ellis, S. R. (2000). Collision in space. Ergonomics in Design, 8 (1) 4 - 9.

[11] EPRI (1999). SHARP1 - A Revised Systematic Human Action Reliability Procedure (NP - 7183 - SL). Palo Alto, CA: Electric Power Research Institute.

[12] Fields, B., Harrison, M., & Wright, P. (1997). THEA: Human Error Analysis for Requirements Definition. Technical Report YCS 294. Department of Computer Science, University of York, York O10 5DD, UK.

[13] Forester, J., Kolaczkowski, A., Lois, E. (2006) Evaluation of Human Reliability Analysis Methods Against Good Practices (NUREG - 1842). Washington, D. C.: U. S. Nuclear Regulatory Commission.

[14] Gertman, D. I., & Blackman, H. S. (1994) Human Reliability and Safety Analysis Data Handbook. New York: Wiley.

[15] Goodman, J. R. (1972) Crew Station Aspects of Manned Spacecraft Design. Unpublished MS Thesis. Department of Industrial Engineering, University of Illinois, Urbana - Champaign.

[16] Graves, C. A., & Harpold, J. C. (1972) Apollo experience report: Mission planning for Apollo entry. NASA - TN - D - 6725.

[17] Grodsky, M. A. & Flaherty, T. M. (1965). Crew reliability during simulated space flight. AIAA/AFLC/ASD Support for Manned Space flight Conference, Dayton, OH April 21 - 23. AIAA Paper 65 - 275.

[18] Hix, M. W (1973) Apollo experience report: Crew station integration. Volume 4: Stowage and the support team concept. NASA - TN - D - 7434.

[19] Hollnagel E. (1998). Cognitive Reliability and Error Analysis Method (CREAM). Oxford UK: Elsevier Science.

[20] Hyle, C. T. & Lunde, A. N. (1972) Apollo experience report: The application of a computerized visualization capability to lunar missions. NASA - TN - D - 6853.

[21] Hyle, C. T., Foggatt, C. E., & Weber, B. D. (1972) Apollo experience report: Abort planning. NASA - TN - D - 6847.

[22] IEEE (1997) IEEE Guide for Incorporating Human Action Reliability Analysis for Nuclear Power Generating Stations. Standard 1082. New York: Institute of Electrical and Electronics Engineers.

[23] IEEE (1998) Systems Engineering Standard 1220. New York: Institute of Electrical and Electronics Engineers.

[24] Johnson, N. J. (1980). Handbook of Soviet Manned Space Flight. San Diego: Univelt.

[25] JSC (2002). Human Reliability Analysis (HRA) Final Report. Volume VII: Human Error Analysis Methodology. JSC report 29867.

[26] Kerr, R. A. (2004, 22 October). Flipped Switch Sealed Fate of Genesis Spacecraft. Science, 5696, p 587.

[27] Kirwan, B. & Ainsworth, L. K. (1992). A Guide to Task Analysis. London: Taylor and Francis.

[28] Kirwan, B. (1994). A Guide to Practical Human Reliability Assessment. London: Taylor & Francis.

[29] Kolaczkowski, A., Forester J., Lois, E., & Cooper, S. (2005). Good Practices for Implementing Human Reliability Analysis (HRA) (NUREG - 1792). Washington: U. S. Nuclear Regulatory Commission.

[30] Landoc, W. A. & Nussman, D. A. (1975). Apollo experience report: Crew station integration. Volume 2: Crew station displays and controls. NASA - TN -

D -7919.
[31] Meister, D. (1986). Human factors in testing and evaluation. Amsterdam: Elsevier.
[32] NASA (1964). Bioastronautics Data Book. SP - 3006. (2nd Edition, 1973) .
[33] NASA (1987). Manned - Systems Integration Standard. NASA - STD - 3000. (Rev B, 1995).
[34] NASA (1995). Systems Engineering Handbook. SP - 6105.
[35] NASA (2006). Genesis Mishap Investigation Board Report. Vol. 1.
[36] NASA NPR 7120. 5C (2005). Program and Project Management Processes and Requirements.
[37] NASA NPR 8000. 4 (2002). Risk Management Procedural Requirements.
[38] NASA NPR 8702. 5A (2005). Human - Rating Requirements for Space Systems.
[39] NASA SIAT (2000) Shuttle Independent Assessment Team Report.
[40] NASA CAIB (2003) Columbia Accident Investigation Board Report.
[41] NESC RP - 06 - 104, Design, Development, Test, and Evaluation Considerations for Robust and Reliable Human Rated Spacecraft Systems, NESC SEO Office, December 2006.
[42] Newkirk, D. (1990). Almanac of Soviet Manned Spaceflight. Houston, TX: Gulf Publishing.
[43] O'Hara, J., Brown, W., Lewis, P. & Persensky, J. (2002). Human - system interface design review guideline (NUREG - 0700, Rev 2). Washington: U. S. Nuclear Regulatory Commission.
[44] O'Hara, J., Fink, R., Hill, D., & Naser, J. (2005). Human Factors Guidance for Control Room and Digital Human - System Interface Design and Modification: Guidelines for Planning, Specification, Design, Licensing, Implementation, Training, Operation, and Maintenance (EPRI 1010042). Palo Alto, CA: Electric Power Research Institute.
[45] O'Hara, J., Higgins, J., Persensky, J., Lewis, P., & Bongarra, J. (2004). Human factors engineering program review model (NUREG - 0711, Rev. 2). U. S. Nuclear Regulatory Commission, Washington, D. C.
[46] O'Hara, J., Stubler, W., Brown, W. & Higgins, J., (1997). Integrated - system validation: Methodology and review criteria (NUREG/CR - 6393). U. S. Nuclear Regulatory Commission, Washington, D. C.
[47] Reason, J. (1990). Human error. New York, NY: Cambridge University Press.
[48] Shayler, D. (1990). Disasters and accidents in manned spaceflight. New York: Springer.

[49] Shraagen, J., Chipman, S., & Shalin, V. (2000). Cognitive Task Analysis. Mahwah, NJ: Lawrence Erlbaum Associates.

[50] U. S. Marine Corps. (2004) Systems Approach to Training (SAT) Manual.

[51] Vicente, K., (1999). Cognitive Work Analysis. Toward Safe, Productive, and Healthy Computer - Based Work. New Jersey: Lawrence Erlbaum Associates.

[52] Wheelwright, C. D. (1973) Apollo experience report: Crew station integration. Volume 5: Lighting considerations. NASA - TN - D - 7290.

[53] Wise, J., Hopkin, D., & Stager, P. (1993). Verification and validation of complex systems: Human factors issues (NATO ASI Series F, Vol. 110). Berlin: Springer - Verlag.

[54] Wittler, F. E. (1975) Apollo experience report: Crew station integration. Volume 3: Spacecraft hand controller development. NASA - TN - D - 7884.

[55] Woods, D., Johannesen, L., Cook, R., & Sarter, N. (1994). Behind human error: Cognitive systems, computers, and hindsight (CSERIAC SOAR 94 - 01). Crew Systems Ergonomics Information Analysis Center, Wright Patterson Air Force Base, OH.

[56] Boff, K., & Lincoln, J. (1988). Engineering Data Compendium. (Published by the US Air Force).

[57] Boff, K. (ed.) (1986). Handbook of Perception and Human Performance (Multiple volumes). New York: Wiley - Interscience.

[58] Helander, M., Landauer, T., Prabhu, P., (eds.), Handbook of Human - Computer Interaction (2nd edition), Elsevier Science Publishers, Amsterdam, 1998.

[59] International Organization for Standardization, International Standard: Ergonomic Design of Control Centres (ISO 11064). Geneva, Switzerland: ISO.

[60] International Organization for Standardization, International Standard: Human - Centred Design Process for Interactive Systems (ISO 13407) Geneva, Switzerland: ISO.

[61] Meister, D., Conceptual Aspects of Human Factors, The Johns Hopkins University Press, Baltimore, 1989.

[62] NASA NIAT (2000) Enhancing Mission Success - A Framework for the Future. NASA Chief Engineer and NASA Integrated Action Team Report.

[63] Salvendy, G. (Ed.). (2006) Handbook of Human Factors (Third Edition). New York: Wiley.